日本M&Aセンター
日経コンストラクション

建設M&A

「買収」だけでなく「売却」の
成長戦略が当たり前に

日経BP

はじめに

日本の建築・土木技術は、間違いなく世界トップレベルです。法隆寺や伊勢神宮をはじめとする伝統的な建造物のノウハウをはじめ、瀬戸大橋や黒部ダムに代表される大型土木構造物から、ビルや道路、住宅に至るまでの、地震・災害大国で培われてきた世界最高水準の防災技術。安藤忠雄、黒川紀章、隈研吾といった著名な建築家による美しいデザイン――。こういった施工力や技術力、ノウハウなどは当然、未来へと受け継いでいくべきものですが、そうもいかない事態が生じています。

供給過多構造、事業承継難、人手不足、残業上限規制などの問題が山積し、経営が立ち行かなくなる企業が増えているのです。

バブルの絶頂期である１９９２年度に84兆円とピークを迎えた建設投資額（名目）は、大きく下がり続け、２０１０年度に41兆円と底をつきました。その後、東日本大震災による復旧・復興やアベノミクスによる成長戦略、財政緩和、東京オリンピック・パラリンピックや大阪・関西万博の需要などの効果で、２０２１年度は約67兆円（見通し）へと増加しています。それでも、建設投資額はピークと比べて、おおむね20％の減少です。

一方、建設許可業者数は１９９２年度に53万者だったのに対して、現在は47万者へと減っています。約11％の減少幅です。建設投資額の１者当たりの分け前から考えると、需要（建設投資額）に対して、供給（許可業者数）が多い「供給過多」の状態にあるといえます。このまま続くと総弱体化、場合によっては共倒れしかねません。

発注される建設工事の内訳は大きな変化を遂げています。１９９９年には維持・修繕工事の比率が20％弱でしたが、現在は30％へと推移。社会資本である道路や橋などの公共施設はもちろん、民間の建物においても、「今まで造った構造物のメンテナンス」の仕事が大部分を占めるようになりました。仕事があるという意味においては素晴らしいことですが、膨大な社会インフラを年々減少する人口・財政で支えるのは心もとない現状があります。

住宅に関しては、２０００年代前半には年間１００万～１２０万戸の新設住宅着工件数を記録していましたが、２０１０年以降は、超低金利や住宅ローン減税をもってしても年々値上がりし、１００万戸を超えず、近年は80万戸台にまで落ち込んでいます。

事業承継も待ったなしです。建設産業の後継者不足は他産業と比べても高い水準で推移しています。地方に行くと70代や80代が経営者を務める企業は珍しくありません。

建設産業全体の就業者数は１９９７年の６８５万人から２０２１年には４８５万人へと約２００万人が減少。技能者や技術者の高齢化も止まりません。災害後に人海戦術で迅速に復旧に当たれる地方の建設会社が確実に減っており、「災害対応空白地」は増すばかりです。

極めつけは２０２４年問題です。２０２４年４月には、時間外労働の上限規制が建設業界でも適用され、働き方を抜本的に変えなければ対応できなくなります。

このような各社に共通する問題を解決に導く手法の１つがＭ＆Ａ（合併・買収）です。

実は、日本の建設産業におけるＭ＆Ａの件数は増え続けています。レコフデータの調べによると、Ｍ&Ａの件数は２０１２年の42件から２０２２年には１２５件と約3倍になっています。大手企業だけが用いる戦略だったのは過去のこと。地方の中小企業も積極的に検討する時代となり、それが件数の伸びを後押ししているのです。

Ｍ&Ａの水準は海外と比べて低い

企業の数が多い建設業と製造業は10年以上前からＭ&Ａ件数がトップ水準で、業界ごとに見たときの割合は実はあまり変わっていません。この２業種は比較的借り入れが重いので、廃業するにも費用がかさみ簡単ではないのです。

ただ建設業の企業数や業界環境を考えると、今後もっとＭ&Ａが増えていくのは確実でしょう。現在、国内でＭ&Ａが特に盛んに行われ業界再編が進行しているのが、調剤薬局や物流、あるいは多重下請け構造を抱えるＩＴソフトウエアといった業界です。本書の第2章で説明している「Ｍ&Ａの法則」から見ると、調剤・物流の業界では会社数が６万を超えて飽和状態となり、再編が進みました。建設業にもようやく再編の兆しが出てきたようです。

海外企業やＡＩ（人工知能）をはじめとするテックベンチャーへの出資を拡大してＤＸ（デジタルトランスフォーメーション）戦略を進める大手建設会社。中堅の建設会社をグループ化する住宅メーカー。建設会社などを譲り受け事業領域を広げる建設コンサルタント会社。連携で巨大企業化して、一貫して工事を手掛けるようにしたり仕入れ値を下げたりする工務店や電気・空調・

管工事会社――。業界再編の波は、すぐそこまで来ています。そして、経営者の力次第で、その波にうまく乗り、会社を飛躍的な成長に導けるのです。

国内で熱を帯びているＭ＆Ａですが、それでも、海外と比べて件数は多くありません。企業の数やＧＤＰ（国内総生産）から考えると、日本は今後、Ｍ＆Ａの成約件数が２倍近くに増える余地があると見ています。中堅・中小企業がＭ＆Ａで集まり強い企業になり、革新するスピードを上げ、不毛な国内競争をやめて海外進出も視野に入れるべきです。

世界のトップ企業であるＧＡＦＡＭ（Google、Apple、Facebook（現Meta Platforms）、Amazon、Microsoft）は、30年間で８００社とのＭ＆Ａを実施してきました。いまやこの5社だけで何と、東京証券取引所の時価総額を上回っています。時価総額トップ30の顔触れは、海外では常に目まぐるしく変化しているにもかかわらず、日本では銀行や証券、電力、通信、電鉄などのインフラ系や元国営企業に、総合商社が加わるといった程度でほとんど変化がありませんでした。しかし２０２０年の新型コロナウイルス感染症の拡大、米国の利上げ、進む円安で、国内のランキングが大きく変わっています。構造が変化している今、多くの企業がチャンスを手にしているのです。建設産業も例外ではありません。

Ｍ＆Ａは「経営戦略の必勝パターン」であるにもかかわらず、国内においてはリスクが大きく難しい取り組みだとされ、残念ながらかつてはあまり良いイメージで受け取られていませんでした。しかし、今や状況は一変しています。Ｍ＆ＡによるＥＸＩＴ（出口戦略）は海外と同様、ＩＰＯ（新規株式公開）で利益を得る「成功の象徴」と認識され、会社を売った経営者は「おめでとう」と声をかけられます。

私たちは、Ｍ＆Ａの力で企業が大きく成長し、日本全体が強くなるという想いを強く持っています。日本には、個々の企業の技術や経営の力を生かして、協調することで飛躍的成長を遂げる可能性があると信じているのです。

「激甚化する災害を前に地域の守り手として強い企業になること」「ＤＸ投資を加速させて生産性の高い収益型企業になること」「公共事業依存型から新規事業も請け負える強い企業を作ること」――。本書を通じて、自分たちの会社が、そして日本の建設産業が再び輝く道筋を見つけてもらえれば幸いです。

目次

第3章 中堅・中小企業のＭ＆Ａの実態

第5章 M&Aを巡る新しい潮流

※記事中の情報や肩書きは、原則として取材当時のものです

第1章

建設業界メガ再編のいまを読み解く

右肩上がりで増え続ける建設業界のM&A。これからさらに増えるといわれる。これまでの成約事例から、M&Aの特徴を分析する

急増する建設M&A

建設M&Aの件数は10年で10倍に

日本ではこの10年間で、あらゆる業界において企業のＭ＆Ａ（合併・買収）の成約件数が右肩上がりで増えている。なかでも、増加率が著しいのが建設業界のプレイヤーが関わっている「建設Ｍ＆Ａ」だ。

左ページの上のグラフを見てほしい。レコフデータの調べによる、国内の建設会社や建設コンサルタント会社といった建設企業が譲受（買い手）か譲渡（売り手）かで関わったＭ＆Ａ件数の推移だ。２０１２年で42件だったが、約10年後の２０２２年には１２５件と約３倍に増加している。中堅・中小企業のＭ＆Ａは対外的に公表しないケースがほとんどのため、実際はこれ以上の件数である。

例えば、日本Ｍ＆Ａセンターの仲介で成約した件数の推移を見てみよう（左ページの下のグラフ参照）。２０１２年に14件だった成約件数は、２０２２年には１３２件と約10倍に増加している。加えて、全業種の成約件数に占める建設業界の割合は年々増加。ここ5年ほどは4件に1件を「建設Ｍ＆Ａ」が占めるほどになった。

◉ 10年前と比べて建設業界のM&Aは3倍に増加

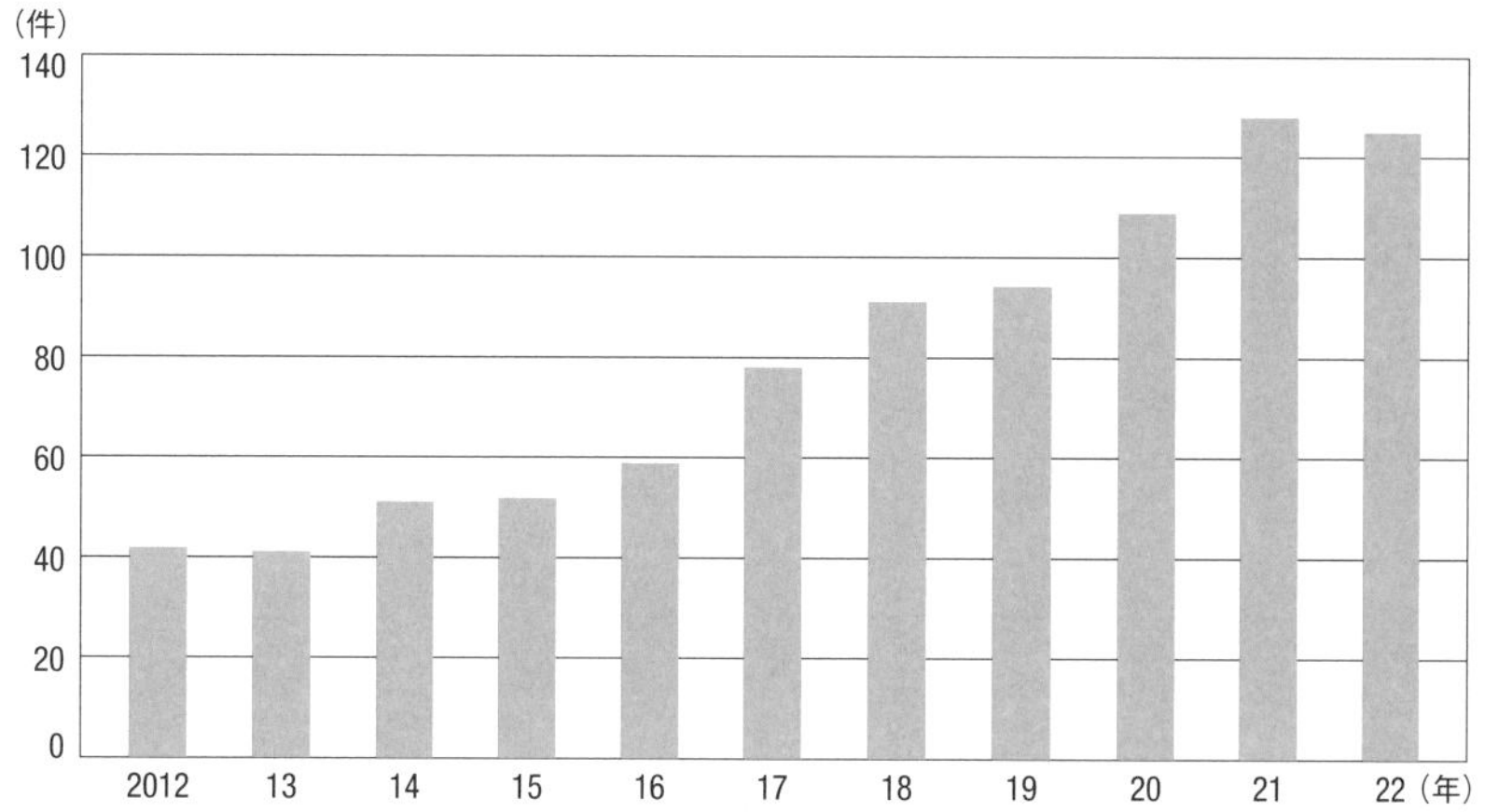

建設業界における国内企業が関わった合併、買収、事業譲渡の件数の推移
(出所:レコフデータの資料を基に日経クロステックが作成)

◉ 日本M&Aセンターにおける建設業界の成約件数は10倍に

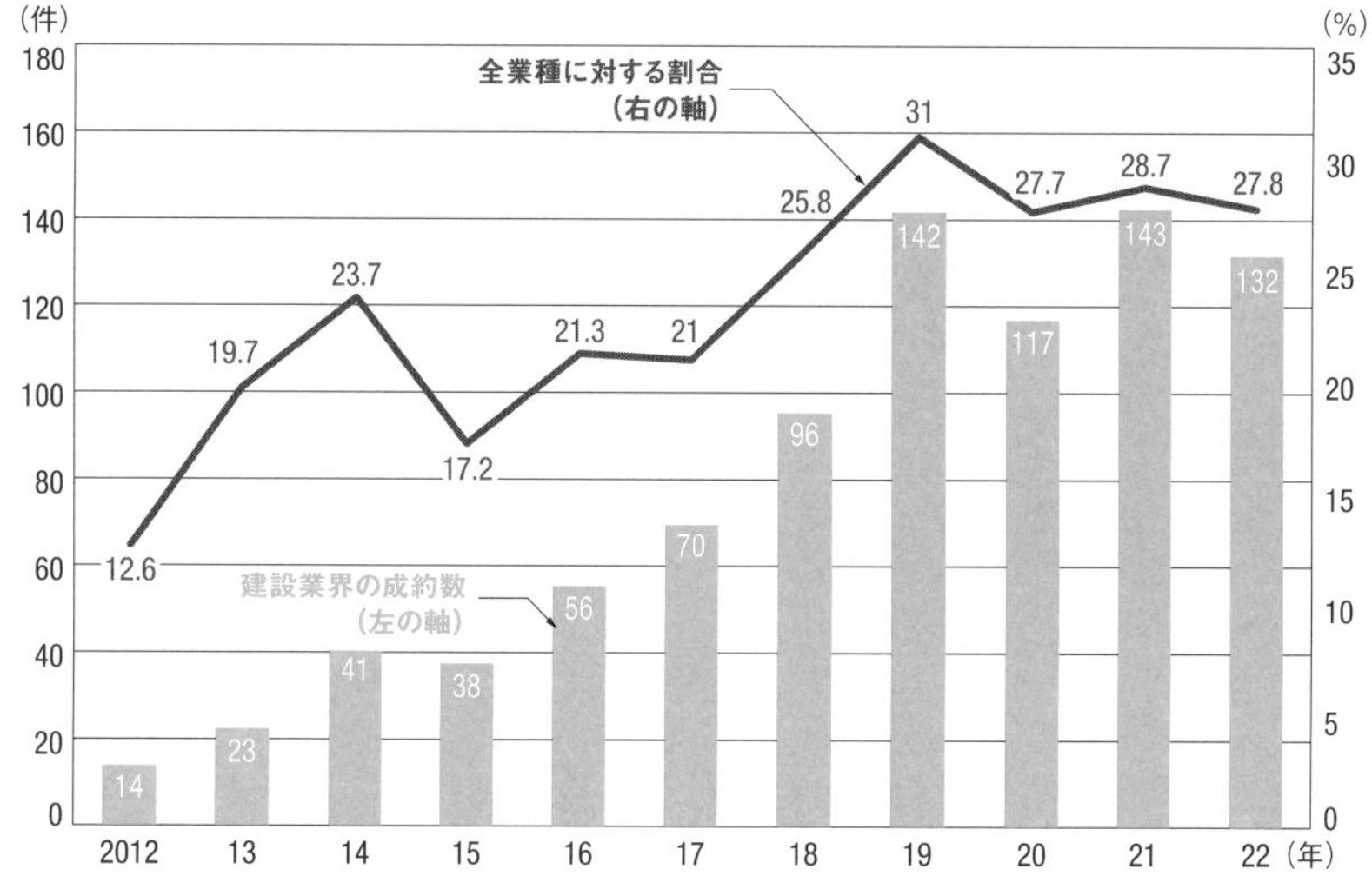

日本M&Aセンターが成約させた建設業界の企業が関わったM&Aの件数と全業種に対する割合
(出所:日本M&Aセンター)

成約データから見る譲渡・譲受企業の特徴

ではどのような企業がＭ＆Ａを成約させているのだろうか。日本Ｍ＆Ａセンターの仲介で２０１２年からの10年間で成約したデータからひも解く。Ｍ＆Ａという言葉を聞くと、新聞の一面で取り上げられるような日本を代表する大規模な資本提携をイメージする人が多いかもしれない。しかしながら、Ｍ＆Ａの大半は非上場のオーナー系中堅・中小企業のＭ＆Ａである。

例えば、成約に至った譲渡企業のおよそ50％は、売上高の規模が５億円までの企業だ。同10億円未満まで含めると、実に80％以上となる。売上高５億円未満というと、地方の公共工事や民間工事を手掛ける従業員数10～15人程度のオーナー系企業などが当てはまる。県の入札参加資格の格付け等級ではＡ等級やＢ等級に該当する。こうした企業が日々Ｍ＆Ａを通じて、他社との提携を実現させているのだ。

企業の設立年別では、高度経済成長期である１９６０～１９８０年代の創業が、60％以上を占める。また、オーナーの年齢別で見ると、50～70代が譲渡企業の80％程度を占めている。創業から40～60年がたち、１、２代で企業を築き上げたオーナーが承継するケースが多いというわけだ。

事業形態別では電気工事が最も多く、土木や建設、戸建てといった工事が続く。

一方で、譲受企業は売上高20億～１００億円が最も多く全体の３分の１を占め、売上高５億～20億円の企業が約25％と続く。Ｍ＆Ａは基本的に売り手市場であり、譲受企業として選ばれるのは、譲渡企業の10倍程度の売り上げ規模の企業が多い。

◎ 譲渡企業の売り上げ規模は5億円未満が半数以上を占める

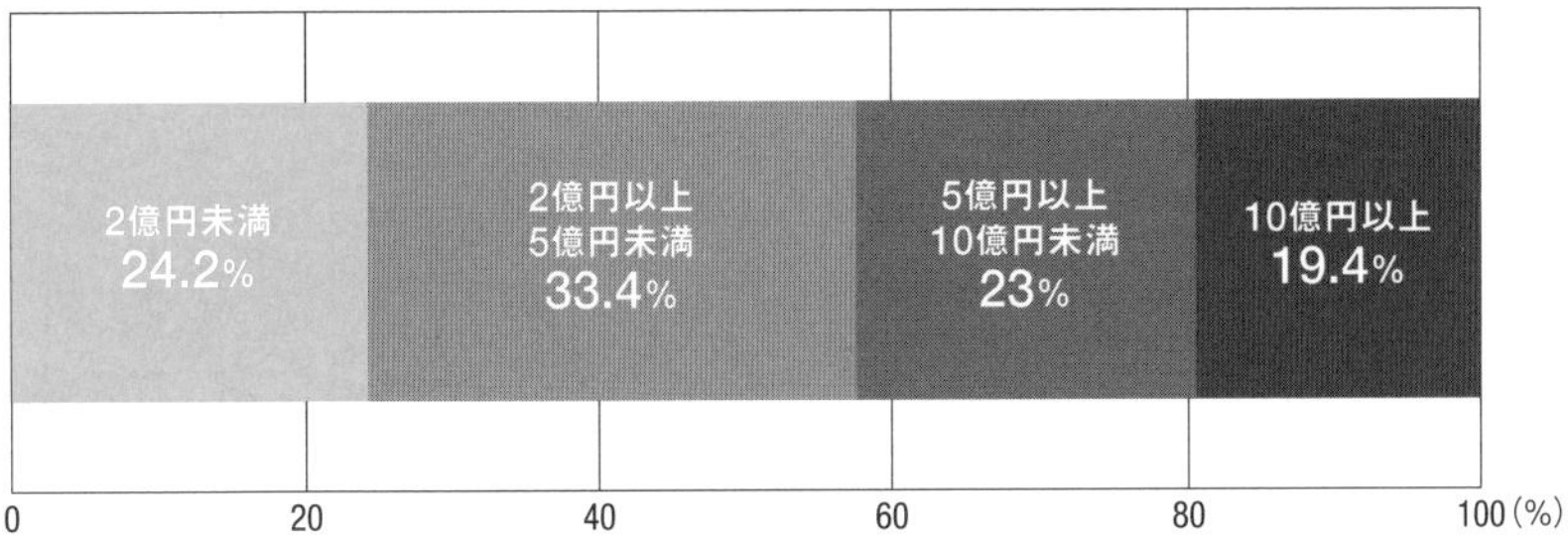

日本M&Aセンターが2012〜2022年に成約させた建設案件における譲渡企業の売り上げ規模の割合
(出所:日本M&Aセンター)

◎ 高度経済成長期の設立が半数以上

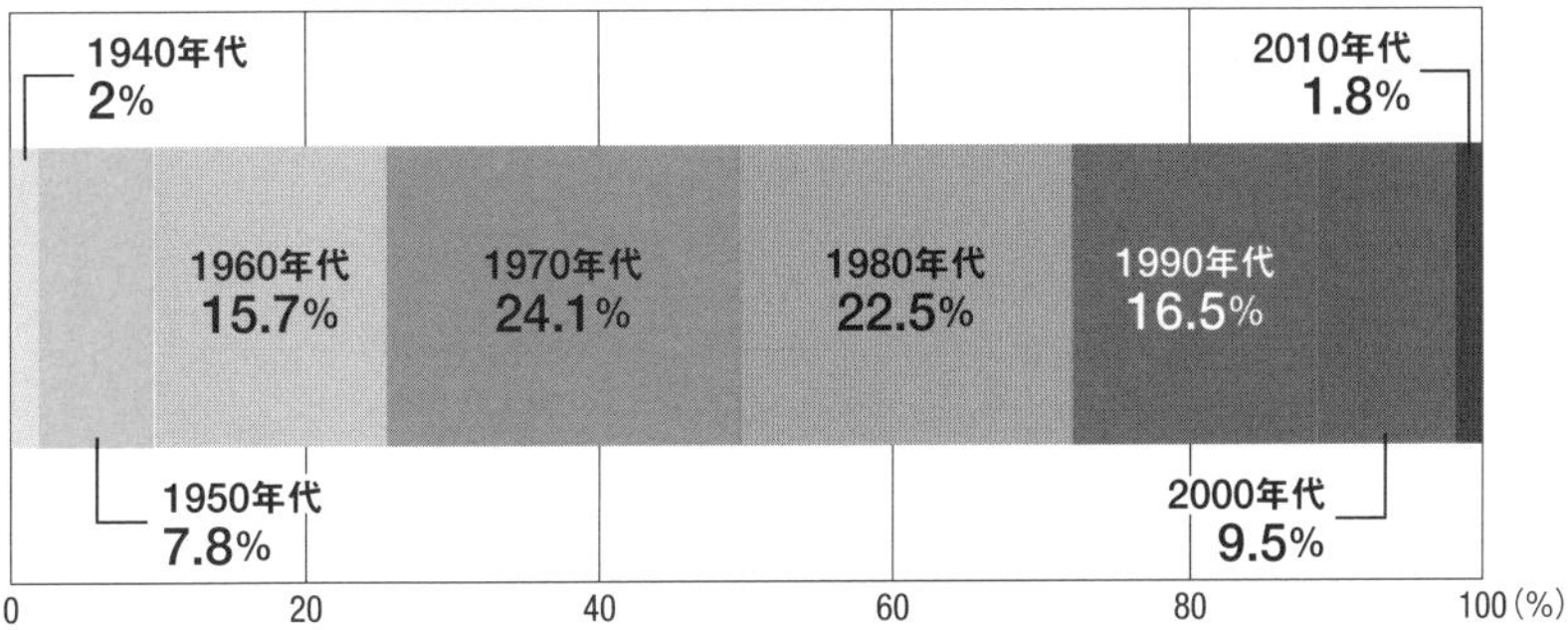

日本M&Aセンターが2012〜2022年に成約させた建設案件における譲渡企業の設立年別の割合
(出所:日本M&Aセンター)

◎ 譲渡企業のオーナーは60歳以上が6割

日本M&Aセンターが2012〜2022年に成約させた建設案件における譲渡企業のオーナーの年齢別割合
(出所:日本M&Aセンター)

◉ 電気工事と土木工事が1割ずつ

日本M&Aセンターが2012～2022年に成約させた建設案件における譲渡企業の事業形態別の割合
（出所:日本M&Aセンター）

◎ 譲受企業は売上高5億円以上が8割強

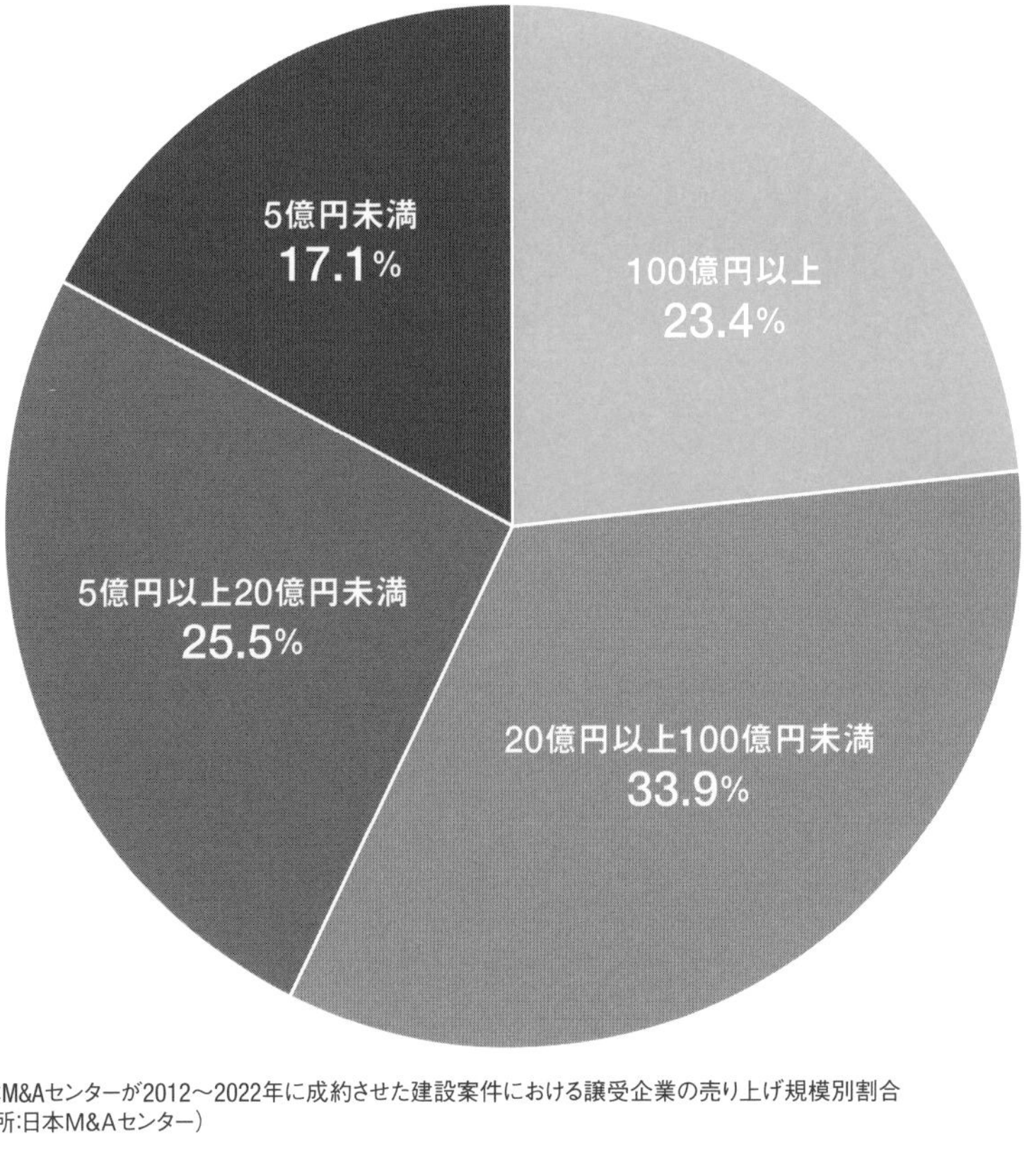

日本M&Aセンターが2012〜2022年に成約させた建設案件における譲受企業の売り上げ規模別割合
（出所:日本M&Aセンター）

2

chapter1

高度経済成長期以降の5つの時代

1950年代から株式公開相次ぐ

今起こっている建設業界Ｍ＆Ａのブームは、第２次に当たる。高度経済成長期から現在までは、建設Ｍ＆Ａの特徴ごとで大きく５つの時代に分類できる。❶高度経済成長時代（１９５４～１９７３年）、❷バブル景気時代（１９８６～１９９１年）、❸バブル崩壊～不良債権処理時代（１９９１～２００３年）、❹談合決別・リーマンショック～民主党政権時代（２００５～２０１１年）、❺東日本大震災～アベノミクス、人口減少社会時代（２０１１年～現在）だ。以下、それぞれの時代を当時の建設Ｍ＆Ａの動向とともに振り返りたい。

❶ 高度経済成長時代（1954～1973年）

戦後長らく、国内ではインフレが進みその抑制のための政策を講じたことなどがきっかけで不況に陥っていた。しかし、１９５０年から始まった朝鮮戦争による特需に伴って、建設業界は一気に活発化の様相を見せる。

時を同じくして、１９４８年１月には内務省の廃止に伴い、内務省国土局と戦災復興院が統合して、「建設院」を設置。さらに、同年10月に建設院が建設省（現在の国土交通省）となった。当時、建設会社数の急増に伴い、ダンピング（元請け会社が不当に低い価格で契約して、下請け会社へしわ寄せが来ることなど）受注や不適正施工が横行したため、翌１９４９年には建設業法を制定。建設業を展開する事業者の登録制を開始した。大半は個人事業主であり、後に建設会社が激増する要因となった。

　１９５７年までの神武景気、１９６１年までの岩戸景気を経て、地域建設業は工事量の増大、工事の巨大化が進んだ。社会資本を充実させるために、ダムや道路、地下鉄、トンネル、変電所、橋梁など、あらゆる公共工事の投資が拡大。建設業界の業績は好調の一途であった。

　その波に乗り、１９５０年代後半～１９６０年代前半には株式公開する建設企業が相次いだ。

・大成建設（１９５７年９月）
・大林組（１９５８年12月）
・鹿島（１９６１年10月）
・清水建設（１９６１年10月）
・青木建設（１９６１年10月）

　現在の大手建設会社だけでなく、後に不良債権によって合併や再生を余儀なくされる建設会社も、当時は運転資金確保のために株式公開を行っていた。

2 バブル景気時代（1986～1991年）

国内景気の拡大に伴って、民間の建築需要が増大し、建設投資額（名目）は１９９２年度に過去最高となる84兆円という記録的な数字を出した。業界内での談合が激化し、取引先への過剰な接待が横行。就職活動は超売り手市場であり、企業側が就活生を接待していたことも、多くの人は記憶にあるのではないか。好景気もあり、「娘や息子が会社を継がない」という後継者不在問題が徐々に表面化し、中小企業のＭ＆Ａが徐々に行われ始めたのがこの時期だが、件数としてはまだまだ少なかった。

バブル崩壊の引き金となる不動産投資についても、このころ建設会社が次々と手を出していた。

不良債権を目的とした建設業界第1次M&Aブーム

3 バブル崩壊～不良債権処理時代（1991～2003年）

１９９１年のバブル崩壊に伴って、長期的な景気低迷期に入り、建設をはじめあらゆる業界でネガティブな影響が次々と表面化した。景気刺激策として１９９２年までは建設投資も堅調に推移したが、その後は民間投資も激減し、縮小の一途を辿った。その割に事業者数は増大しており、ダンピングが横行するようになっていった。

バブル景気で不動産事業へ進出していた建設会社は軒並み、不動産の含み損を多く抱え、多額の不良債権処理に苦慮することとなった。多くの建設会社は債務免除や民事再生に乗り出した。

◉ 小泉内閣発足で不良債権処理が進み2000年代に倒産が急増

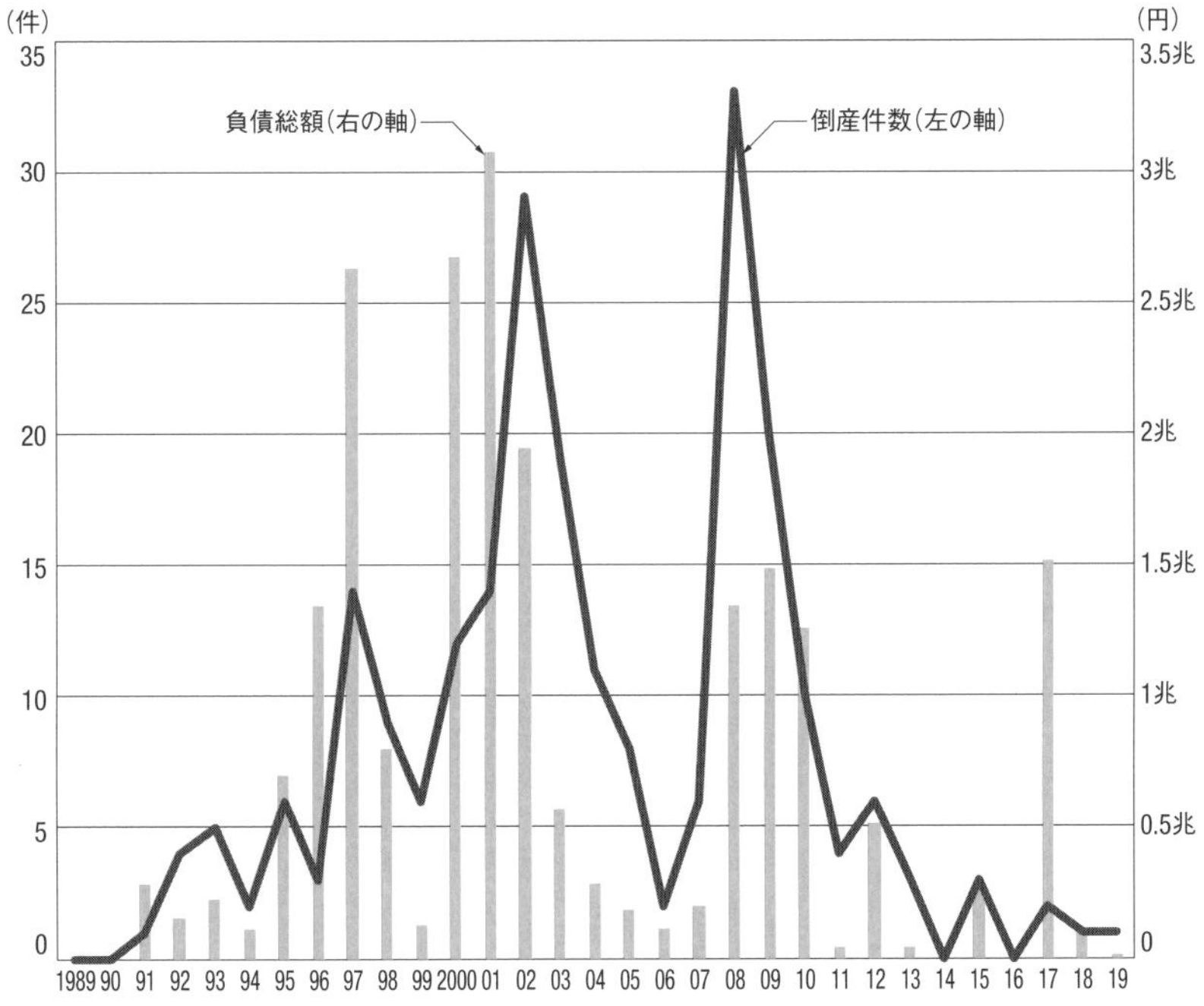

平成時代の上場企業倒産件数と負債総額の推移。2019年は4月26日時点(出所:東京商工リサーチ)

当時は、不良債権処理を目的としたＭ＆Ａがほとんどであった。例えば、２０００年の住友銀行による熊谷組への資本参加や、２００２年のみずほ銀行関連による長谷工コーポレーションへの出資などは、実質的には建設会社が抱えてしまった不良債権を処理するための債務免除を目的としていた。

２００１年に小泉純一郎内閣の発足に伴い、聖域なき改革が進められ、当然ながら建設業界の不良債権処理もそのターゲットとなった。倒産か銀行からの債務免除かといった選択をした企業も少なくなかった。

建設市場の縮小に伴い、国が過剰供給構造の是正に動き出したのもこの時期だ。建設投資額（名目）の推移は１９９２年度の84兆円をピークに減少の一途をたどり、２００２年度は約57兆円と30％減となった。一方で、建設業許可業者数は１９９２年度と比べて２００２年度は９％の増加となっている。そこで、国は２００２年に「建設業の再生に向けた基本方針」を作成。中小・中堅の建設会社の淘汰・再編が不可避だと見て、連携の促進などを掲げた。

このような流れを受けて、２０００年代に入ってから建設Ｍ＆Ａが増え始めた。「建設業界第１次Ｍ＆Ａブーム」の到来だ。レコフデータの調べによると、建設業界のＭ＆Ａは１９９６年に11件だったが、10年後の２００５年には約６倍の62件まで急増している。

4 談合決別からリーマンショック～民主党政権時代（２００５～２０１１年）

建設業界第１次Ｍ＆Ａブームはその後も続く。大きな流れとして談合からの決別が影響を及ぼ

◉ 2000年代に入ってM&Aが増加

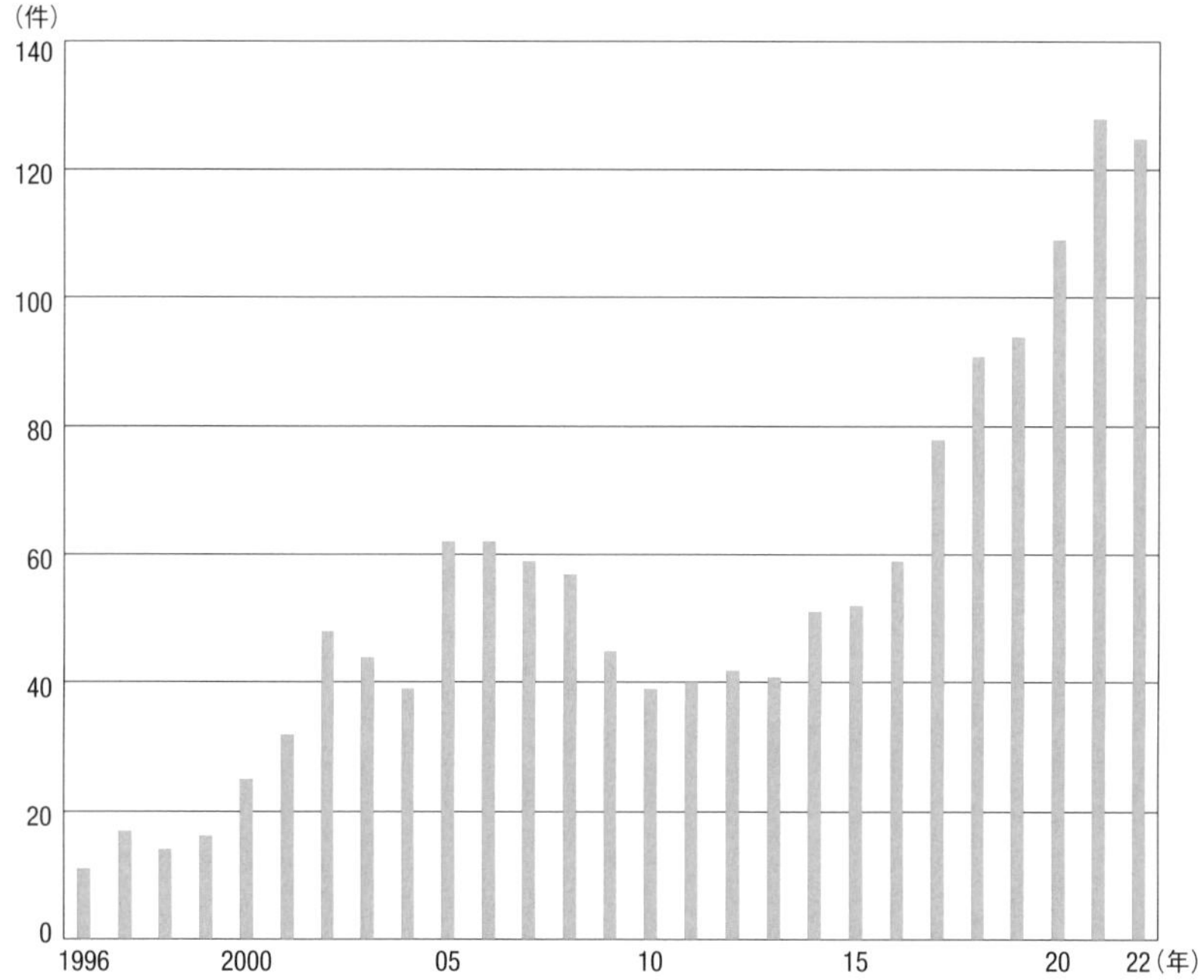

建設業界における国内企業が関わった合併、買収、事業譲渡の件数の推移
(出所:レコフデータの資料を基に日経クロステックが作成)

した。２００５年4月に公共工事の品質確保の促進に関する法律（品確法）が施行され、価格だけでなく技術力を評価して落札者を選ぶ「総合評価落札方式」を採用していく基盤ができた。新しい入札・契約制度を拡大していくなかで、談合から足を洗う建設会社が増え、日本土木工業協会（日本建設業団体連合会と建築業協会と合併して後の日本建設業連合会）が２００６年4月に、「透明性ある入札・契約制度に向けて」という提言を発表した。いわゆる脱談合宣言だ。

　実際に一般競争入札方式の浸透に伴い、指名競争入札方式による応札者の特定が難しくなったことから談合が困難になっていく。２００６年1月に施行した改正独占禁止法も談合決別の追い風となった。自主申告による課徴金の減免制度を新たに設けて、談合の〝自首〟を促したためだ。

　最低制限価格がなく、低価格入札の代表である「1円入札」も話題となった。各地で「たたき合い」が始まり、仕事を得るためだった談合の存在意義が崩壊。やがて入札価格の下限値を決める「最低制限価格制度」が主流となった。その結果、良質な工事でクジ引きが横行し、設計価格を非公表としていく流れになる。各社の営業担当は、正確な最低制限価格をつかむため、自治体など発注者や設計者からの情報入手にやっきになった。

　このような環境の変化を受け、Ｍ＆Ａで再編を主導する企業が増えてきた。

　しかしその傾向は長く続かなかった。２００９年に自民党から民主党へ政権が交代すると同時に、公共工事投資額の減少幅はさらに拡大し、景気が一気に冷え込んだためだ。建設就労者の労務単価は毎年減少。特に技能工の若手入職者が激減していった。そこで技能工の確保を目的として、外国人技能実習制度が注目され始める。民間建築は顧客主導の競争にさらされ続け、極めて利幅が薄い事業となっていた。民間建築の競争激化を背景にして、Ｍ＆Ａを実行することでコストダウンを図ろうとする企業が現れ出す。

建設業界第2次M&Aブーム〜友好的M&Aの時代へ〜

5 東日本大震災〜アベノミクス、人口減少社会時代（2011年〜）

この時代におけるＭ＆Ａでは、「事業承継型」や「業界再編型」が増大した。高度経済成長期に創業した企業の多くが、創業後40〜50年を経過し、後継者問題に直面。不良債権処理時代の第1次Ｍ＆Ａブーム期と比較すると、黒字で純資産も積み上がっており、財務的には全く問題ない企業が譲渡するケースが増えていく。いわゆる「友好的Ｍ＆Ａ」だ。

２０１１年東日本大震災から国土強靱化、五輪開催に向けた準備などで国内の建設環境は激変し、建設需要過多の時代が始まった。民間を含めて仕事量が増えると、受注者は工事を選定するようになり、公共工事における入札の不調・不落が増加していった。また、人口減少社会を特に危惧する流れになったのもこの時期だ。生産性を向上させるための施策を講じる企業が当たり前になった。成長のためにＭ＆Ａの手法を利用する企業も増えて、建設業界第２次Ｍ＆Ａブームが到来。今も継続している。

新設工事から維持修繕工事への転換

Ｍ＆Ａは経営課題を解決するために行うものだ。ここでは、第２次ブームの後押しに寄与する、近年の建設業界を巡る課題を見ていこう。

まずは、新設工事の減少と維持修繕工事の増加だ。２００１年には維持修繕工事は全体のうち約21％程度しか占めていなかったが、２０２０年には、30・２％まで急増している。金額にしても22・８兆円と過去最高の水準となっている。

背景には、社会資本ストックの増大がある。高度経済成長期以後、日本は道路、鉄道、港湾、空港、トンネルといった交通関連のインフラや、河川管理、砂防などの国土保全のためのインフラを急ピッチで整えてきた。１９６０～１９７０年代に新設されたものが大半であると想定すると、そのほとんどが２０２０年代において築50年以上を超えることとなり、老朽化が深刻な問題となっている。近接目視による点検や診断が定期的に行われるようになり、人材不足も相まって、将来的にますます維持修繕に取り組む厳しさが見える。

特に２０１２年に発生した笹子トンネル天井板落下事故は、インフラ老朽化に一刻も早く対応する必要があると多くの日本国民が感じた出来事であった。第２の笹子トンネルの悲劇を起こさないよう適切な維持管理にかじを切っている。

人材不足・高齢化で持続可能な体制が取れず

「ヒト」に関わる問題も近年、建設業界の経営者を悩ませている要因の１つだ。建設業界の就業者総数はピーク時の１９９７年度と比べて、約29％も減少している（２０２１年度）。実数に置き換えると、実に２００万人もの就業者が建設業界からいなくなっているのだ。２００万人というと、日本の都道府県別人口ランキング16位である長野県の総人口に相当する（２０２２年10月時点）。１人当たりの生産性を向上させなければ事業を回していけないのだ。

ヒトに関する課題は、「人材不足」以外にも多くの課題を抱える。全産業の２０１９年の求人倍率が約１・６倍なのに対して、建設業界は同３・５倍。躯体工事に至っては10・９倍と、全産業と比較しても圧倒的な高水準となっている。これでは中堅・中小の建設会社がいくら求人を出しても、そもそも人が集まらないことは容易に想像がつく。

高齢化も叫ばれて久しい。総務省の労働力調査によれば、建設業界の３割が55歳を超えており、今後10年間で約78万人もの就業者が減少すると見込まれている。29歳以下の若年層は全年齢の１割強しか占めていない。高齢化による就業者数減少という事実から、技術の承継や後継者の育成が欠かせない。

例えば、日本Ｍ＆Ａセンターの顧客で、九州地方を拠点に活動する建設会社では、従業員の平均年齢が58歳を超えている。地域の中では指折りの規模を誇る企業だが、人材獲得に苦戦しているようだ。このような状況下において、イノベーション・ＤＸ（デジタルトランスフォーメーション）・i-Construction・ＢＩＭ／ＣＩＭの推進といわれても、そもそもＩＴ（情報通信）スキルの高い人材がほとんどいない。

建設業界の人材不足は、従業員のみならず経営者層においても顕著だ。帝国データバンクの調査によると、２０２１年12月時点における建設業界経営者の平均年齢は、59・８歳となっている。50代以上の経営者は78・８％だ。今後10年間で、ほとんどの企業が後継者へのバトンタッチ（事業承継）をしなければいけない。また同じ調査によると、建設業の後継者不在率はここ数年減少傾向にあるものの、２０２２年は63・４％と依然高い水準にある。

２０２４年に迫る働き方改革

「時間外労働の上限規制」の問題は中堅・中小の建設会社にとって、特に避けて通れない。これまで説明してきた建設業界特有の背景（長時間労働、人手不足、休日出勤など）から、時間外労働の上限規制の適用については5年間の猶予を設けられていたが、ついに２０２４年に上限規制が設けられる。

災害復旧や復興などの特別な事情を除いては、一般企業と同じく、１週間に40時間まで、36協

◎ 55歳以上と29歳以下の割合の差が大きい建設業

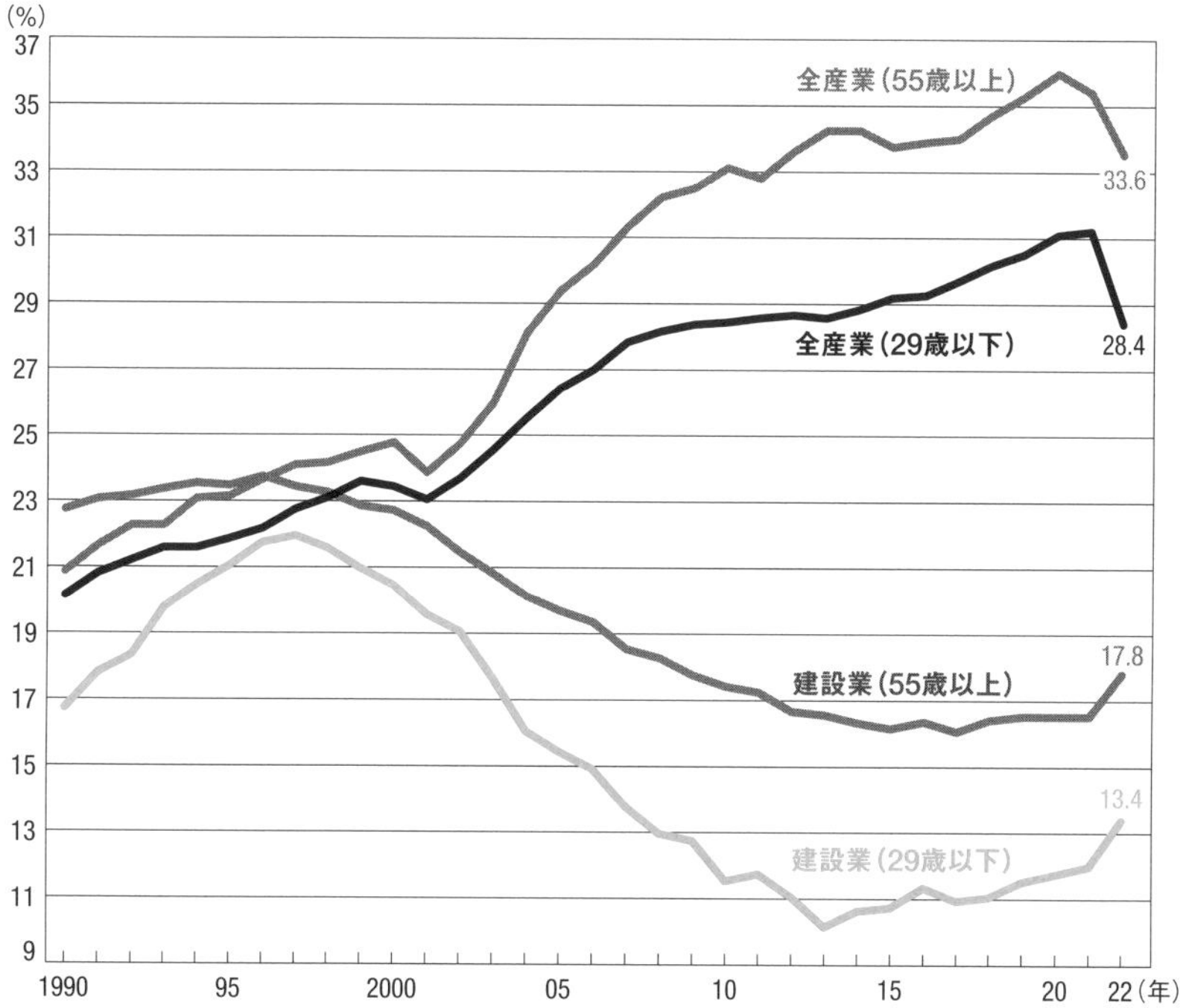

総務省「労働力調査」を基に作成。29歳以下と55歳以上の就業者数の推移(出所:総務省)

定を結んだ場合でも時間外労働は原則月45時間、特別条項付き36協定を結んだ場合でも年間７２０時間までと規制される。経済産業省「建設工事における適正な工期設定等のためのガイドライン」を読み解くと、時間外労働の上限規制が適用されるまでに左記の内容に取り組むべきとの記載がある。

①適正な工期設定・施工時期の平準化
②必要経費へのしわ寄せ防止の徹底
③生産性向上
④下請け契約における取り組み
⑤適正な工期設定に向けた発注者支援の活用

建設業許可業者数の増加基調で1者当たりの売上高減

建設業界における「企業の集約」と「生産性の向上」が急務である点は、建設投資と事業者数の関係からも分かる。

国土交通省の調査によれば、建設業許可業者数は増加基調にある。１９９９年度のピーク時に60万９８０者から、毎年減り続けていたが、２０１７年度に46万４８８９者と底を打って以降、対前年度増を続けている。２０２１年度は47万５２９３者にまで増えた。

◎ 建設業でも残業規制を２０２４年４月から適用

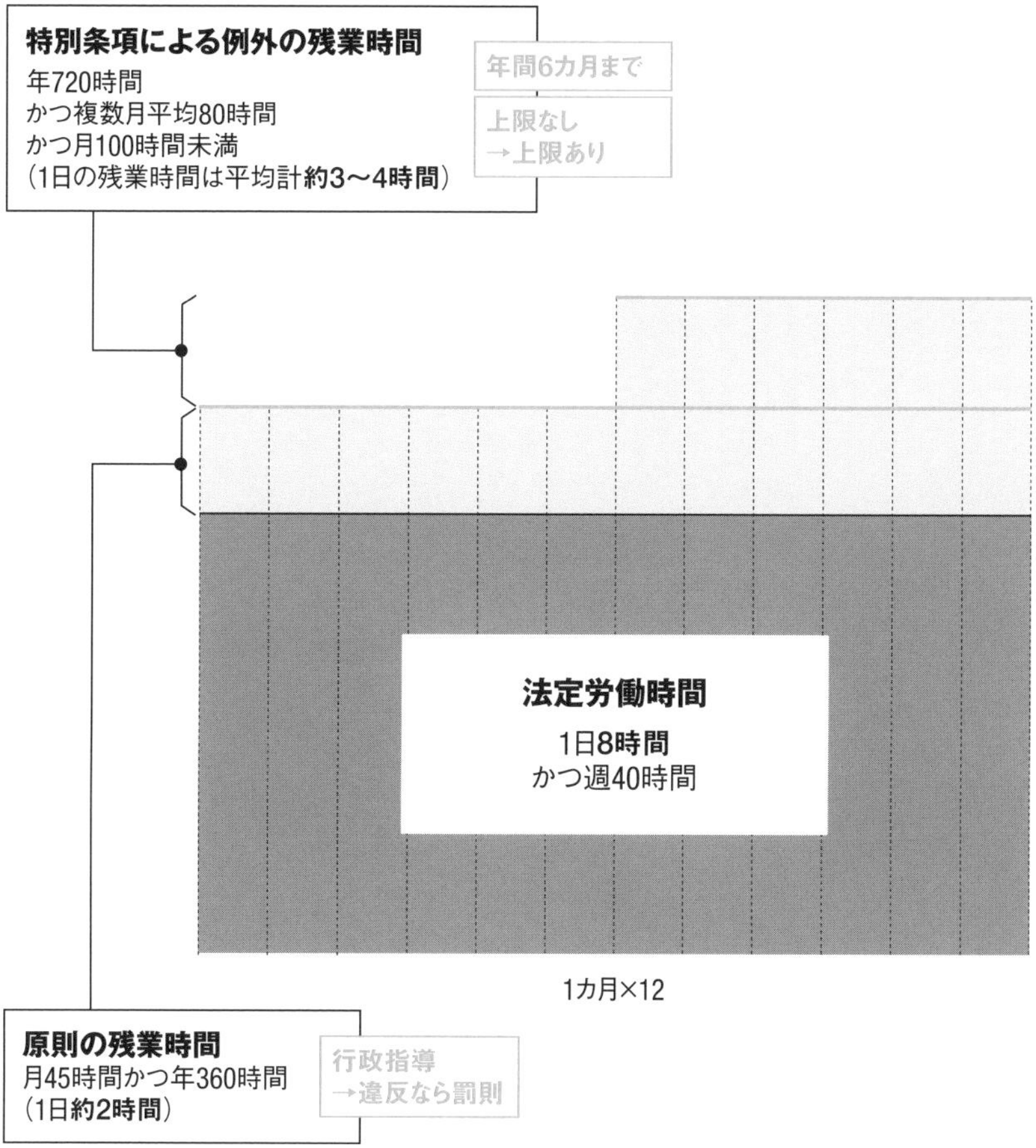

罰則付きの上限規制の仕組み（出所：厚生労働省の資料を基に日経クロステックが作成）

建設投資額も先述したように回復基調にある。建設投資は１９９２年度に84兆円を記録したが、それ以降毎年のように減少。２０１０年度には半分の水準にまで落ちた。しかし、それ以降上昇を続けている。２０２２年度の建設投資は66兆９９００億円となる見通しだ。ただし今後はバブル期のような大幅な建設投資は見込めず、横ばいまたは減少する可能性がある。

　ピーク時からの建設投資の減り幅に比べて、建設業許可業者数の減り幅はそれほど大きくないため、１者当たりの建設投資額は一時期と比べると減少傾向にある。さらに今後も建設会社の数が増え続けるようであれば、１者当たりの売上高は減る一方だ。

　さらに建設会社を悩ませるのが、資材高騰による原価増大・利益の圧迫だ。一気に高騰した資材価格が自社の経営に悪影響を及ぼしている。

　資材高騰の背景には、新型コロナウイルスの感染拡大が落ち着いて世界的に経済再開の動きが見え始めたことから需要がひっ迫していることに加えて、円安による輸入資材の物価高騰、ロシアによるウクライナ侵攻による需給バランスへの影響など、多岐にわたる不安定な情勢があると考えられる。

　２０２２年に入ると、住宅木材・鋼材・生コン・内装資材・電材・設備資材などありとあらゆる資材の高騰が見られた。資材の高騰に伴って、各社が一斉に仕入れに動くため、納期の遅延や、事業会社による設備投資の延期などが相次いでいる。一部資材の高騰は収まったものの、全体的な下降局面には至りそうにない。なかでも生コンクリートは２０２３年も上昇する見込みだ。中堅・中小企業においては、納期遅延や仕入れコストの増加に伴い利益が圧迫している企業も多い。

◉ 鋼材は頭打ち、生コンはこれから上昇する見込み

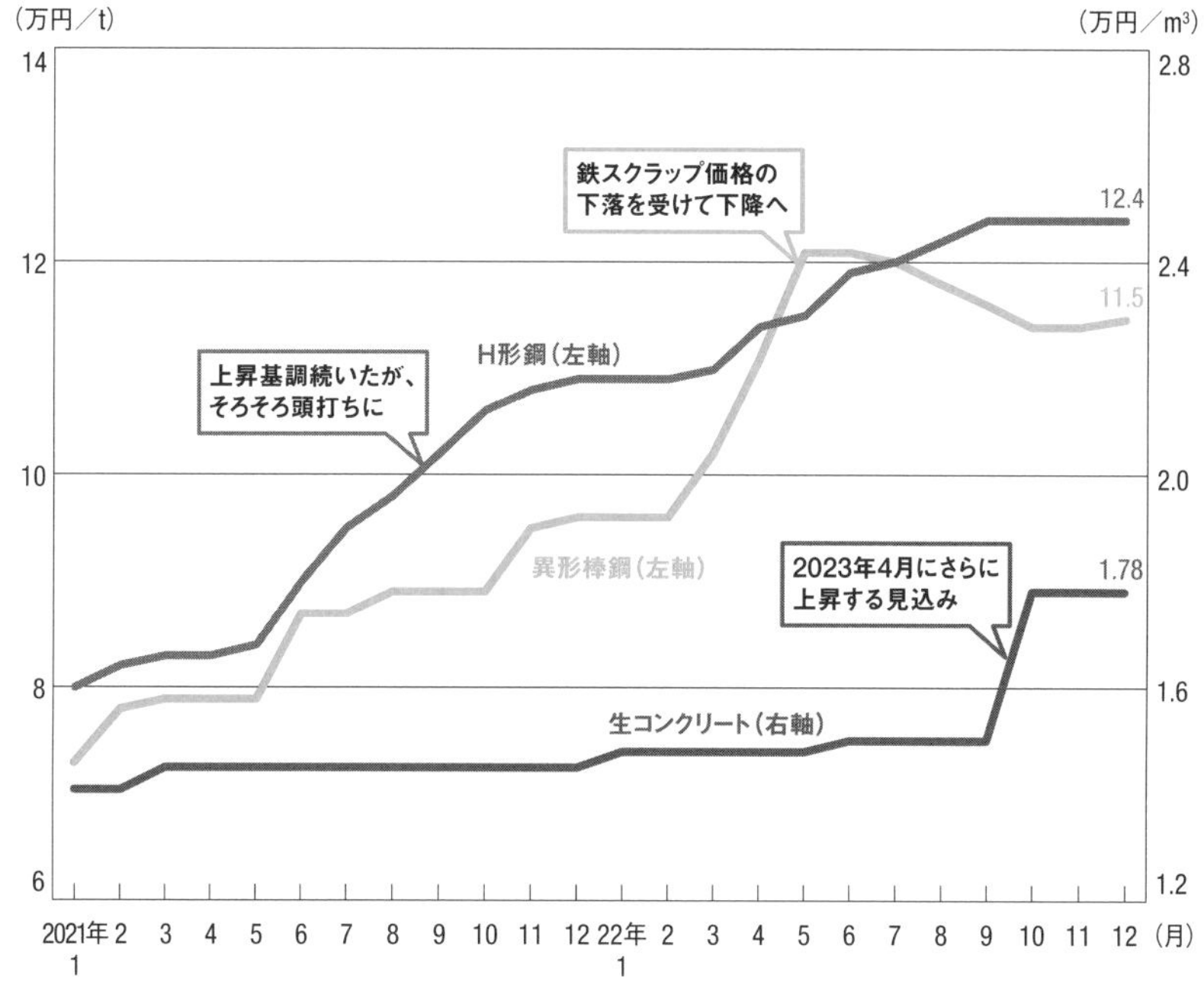

異形鋼棒とH形鋼、生コンクリートの価格推移。いずれも東京の大口取引価格
(出所:建設物価調査会のデータと取材を基に日経クロステックが作成)

以下に改めて、各社にとって共通する経営課題をまとめた。

（1）従業員の高齢化・若手人材不足が進み、就業者人口は激減
（2）2024年に迫る働き方改革により残業は規制される
（3）賃金は高騰し、1人当たりの給与水準はアップ
（4）人材の減少や賃金の高騰、労働時間の減少で、生産性の向上が急務
（5）経営者人材も不足しており、今後10年間で大きく事業承継が進む

このような課題を解決するために建設業界でのM＆Aは、さらに増えてくるだろう。

第2章

他業界に学ぶ M&A

既に再編が進んでいる他業界のM&Aには共通の法則が隠れていた。建設業界の未来を読むうえで、参考になりそうな法則を導く

chapter 2

日本国内におけるM&Aの動向

日本国内におけるビジネスは、拡大する市場でシェアを取ることが全てであった。実際に現在も業界を問わず、シェア上位企業の寡占化は年々進行している。しかし、上位3、4社の企業がほぼ固定される一方で、トップ企業は毎年およそ10％の分野で順位が入れ替わっている。

また米国でも同様に、1位企業がシェアを明け渡す確率がおおよそ10％になっている。後ほど詳しく述べるが、世界的に見ても、「業界ナンバーワン」のうち1割は交代する時代になっているのだ。

市場寡占状態と上位企業の入れ替わり

日本国内においては、複写機・複合機、市販カーナビ、家庭用ゲーム機、インクジェットプリンター、太陽電池などの業種において市場が縮小している。例えば、カーナビは2000年に世界的な普及が始まり、その後、車載機器メーカーにおいて主力製品の座に君臨。カーナビが売上高の半分を占めるまでになった。しかし、スマートフォンでその機能が代替できるようになると、2017年をピークに失速。縮小している。

このように変化の波が特に激しいのが、ネットサービスの業種だ。成長するためには本業のネットサービスと併せて、他の分野でビジネスを進化させることが求められる。

まぐクリックはメルマガ、ドリコムはブログ、ＧＲＥＥやミクシィはＳＮＳ（交流サイト）でそれぞれ上場した。各社とも事業の柱をソーシャルゲームなどに移して成長を遂げている。例えばＤｅＮＡは、携帯電話のオークションサイト（モバオク）として上場したが、携帯電話ゲームサイト（モバゲー）へとビジネスを転換。以降も事業を発展させて順調に成長しており、プロ野球球団のオーナー企業にまで成長したのは有名だ。

その業界で「ナンバーワン企業」であったとしても、慢心していては、すぐにトップの座を奪われる。現時点で需要があり、どれだけ経営が安定していても、優良企業であったとしても、ビジネスは常に進化を求められている。

Ｍ＆Ａが求められる理由はそこにある。業界再編とは「業界全体を考える優良企業が集まって業界構造を変え、新しいビジネスに挑戦すること」なのである。

Ｍ＆Ａは企業が進化するためのエンジンともいえる。レコフデータの調べによれば、日本企業が関わったＭ＆Ａ件数は２００６年に２７７５件を記録。その後はリーマンショックや東日本大震災などの影響を受けた景気動向の変動があり、２０１１年には１６８７件まで減少した。しかし、その後の景気回復に合わせて上昇基調が続く。２０２０年に日本企業が関わったＭ＆Ａ件数はコロナ禍において３７３０件となり、その後２０２１年は４２８０件、２０２２年は過去最高の４３０４件となった。

業界再編の５つの法則

これまでの成約事例の分析を基に、色々な業界でＭ＆Ａによる再編が進む理由として、「業界再編の５つの法則」を提唱する。

法則①　全ての業界は大手４社に集約される
法則②　上位10社のシェアは10％・50％・70％
法則③　６万拠点で飽和状態
法則④　トップ企業の10％が交代
法則⑤　Winner-Take-All

ここからは、この５つの法則をそれぞれ解説していきたい。

法則①　全ての業界は大手４社に集約される

業界における「成長期」「成熟期」「衰退期」など、ライフサイクルのどのようなフェーズでも再編は起こりうる。「成長期」では、一定の水準に達すると商品やサービスが一気に普及する分岐点である「クリティカルマス」の達成を狙って、スピードを追求した再編が起こる。「成熟期」では、マーケットシェアおよびコスト優位を確保するための再編が起こる。「衰退期」においては、

◉ 4社に集約された医薬品卸業界の例

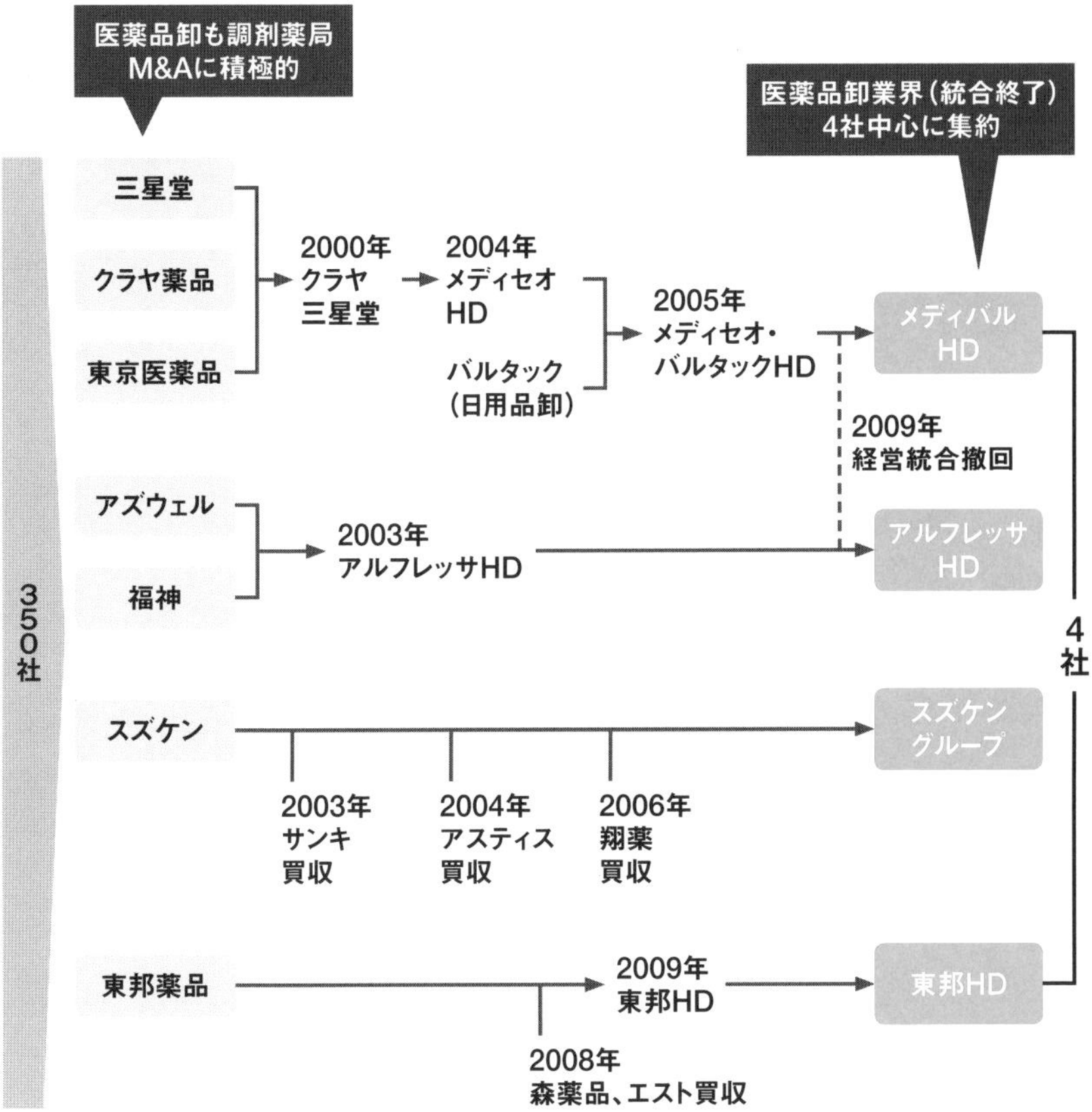

「業界メガ再編で変わる10年後の日本」から抜粋（出所:東洋経済新報社）

競合プレイヤー数を減らし、残存者価値を高めるための再編の動きが顕著だ。

　このようにあらゆるフェーズで業界再編が行われた結果、多くの場合、各業種において企業グループは大手４社に集約されることになる。

　顕著な例としては、医薬品卸業界や銀行業界、家電量販店業界がある。家電量販店ではヤマダ電機、ビックカメラ、ヨドバシカメラ、エディオンの四強グループが出来上がっている。

　再編の理由はライフサイクルの変化であり、必然ともいえるが、ではなぜ「４社」なのか。それは日本における産業構造によるものだと考える。産業の発展には、金融機関と総合商社が大きく関係している。大手金融機関は国内における「お金の流れ」を、総合商社は「モノの流れ」をそれぞれ決定している。そのため、各銀行の文化やカラー、総合商社の系列（三菱商事・三井物産・住友商事・伊藤忠商事）に従って、国内のあらゆる産業が４社に集約されてきたのだ。

法則②　上位10社のシェアは10％・50％・70％

　先ほど法則①で解説した通り、企業のライフサイクルは「成長期」「成熟期」「衰退期」の３つに加え、「導入期」を入れた４つに分けられる。それぞれの段階で、市場ニーズや競合の状況の変化などによりＭ＆Ａが行われてきた。

　その業界での売上高上位10社のシェア率を見れば、企業のライフサイクルがどの段階にあるかを推察できる。例えば、シェア10％になると「成長期」となり、業界再編が始まり出す。具体的には中堅・中小企業同士が合従連衡して持ち株会社を設立する。また、大手企業が中堅・中小企

◉ 業界のライフサイクルに応じたM&Aの違い

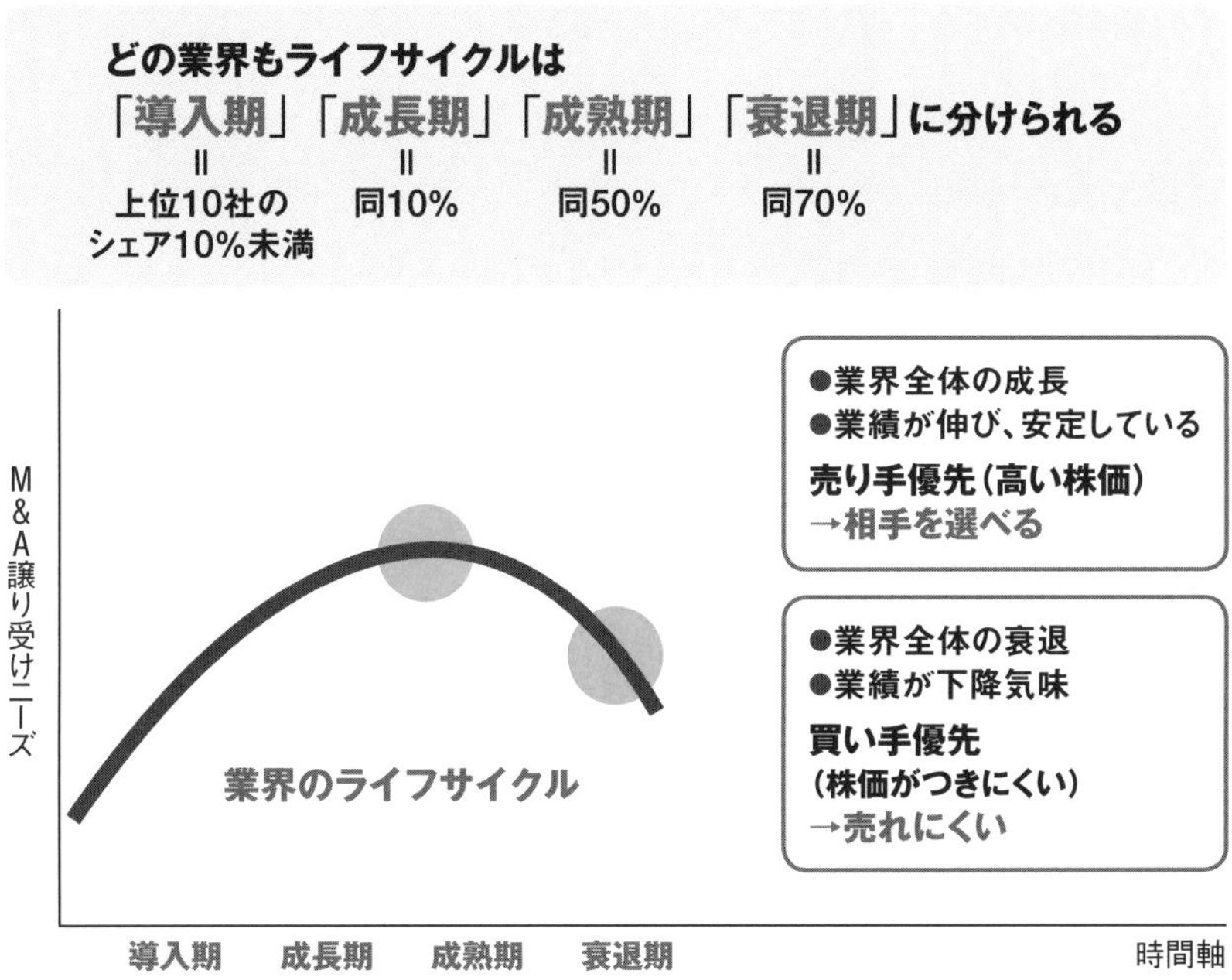

「業界メガ再編で変わる10年後の日本」から抜粋(出所:東洋経済新報社)

業を譲り受けてグループ化するなど、規模拡大・体力増強の動きが見てとれる。

その業界で売上高上位10社のシェアが50％に達すると、今度は「成熟期」となる。「成熟期」では大手企業が中堅企業や地域ナンバーワン企業を買収するなどＭ＆Ａの規模が拡大。業界再編はピーク期となり、譲渡企業の規模が大きくなっていく。

最後に、その業界で売上高上位10社のシェアが70％まで進むと、上位10社の統合が始まり、最終的に４社程度に集約される。そして上位企業がほとんどのシェアを持つ段階に達したところで、業界の国内再編はゴールを迎える。

日本においては、例えば２０２１年時点の石油化学業界は上位３社で80％、百貨店業界は上位５社で73％、家電量販店業界は上位６社で86％というシェアになっており、これらの業界では国内での再編が終了している。石油化学・百貨店・家電量販店の各業界は、今後Ｍ＆Ａによる海外展開や異業種への展開を視野に入れて成長を目指すことになる。

法則③　６万拠点で飽和状態

成長産業であっても、国内において６万拠点に達すると飽和状態となり、拠点ビジネスの臨界点となる。拠点数がこの数に達すると、業界再編が起こる。日本の総人口から計算すると、およそ２２００人に１拠点が限界となる。国内市場において、過去に再編に至った例は、ガソリンスタンドやコンビニエンスストアなどがあり、現在、再編が活性化している運送会社・調剤薬局などにも、この法則が当てはまる。

◎ 多くの業界に当てはまる「6万拠点」の法則

[ガソリンスタンド拠点数の推移]

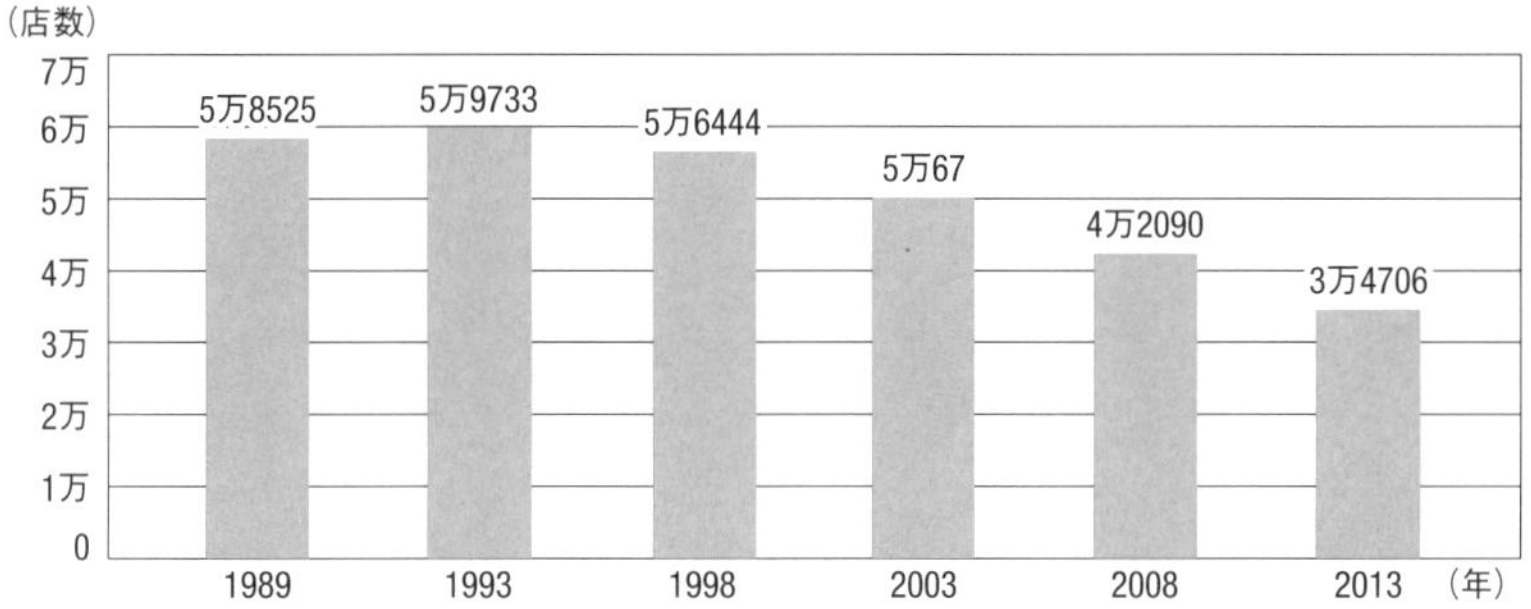

[家電メーカー系列販売店数の推移]

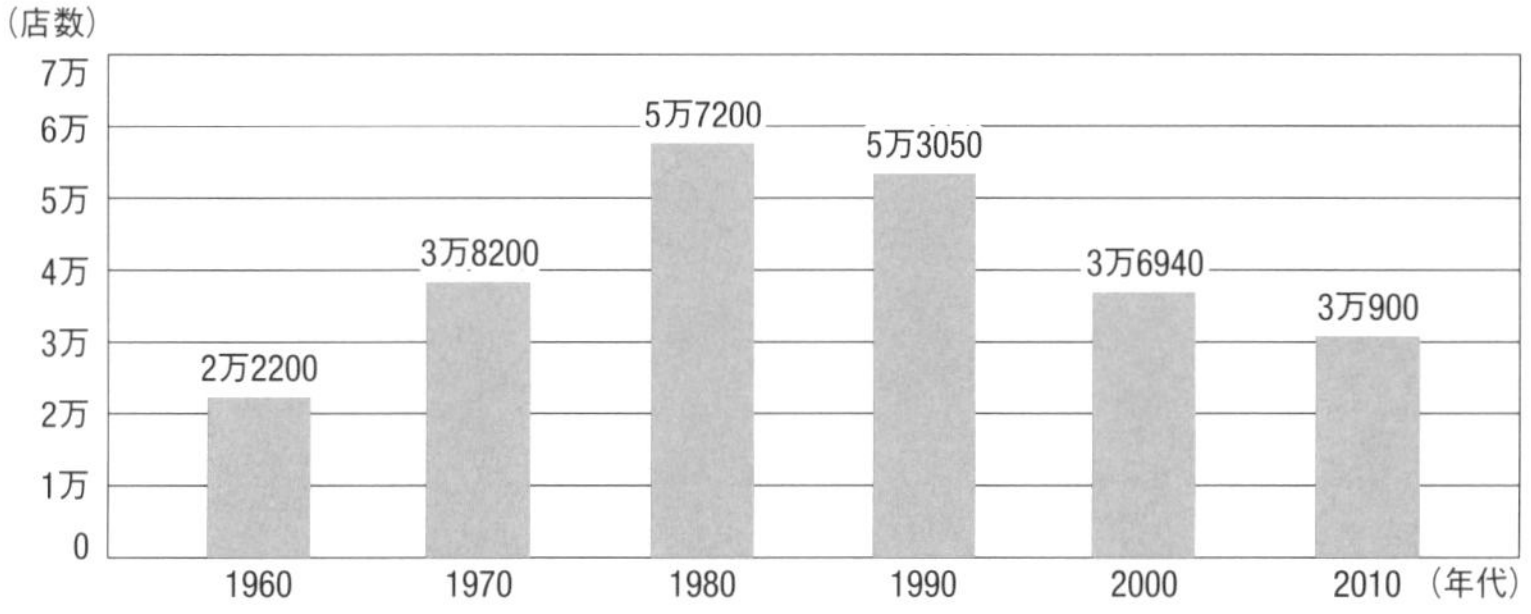

[調剤薬局店舗数の推移]

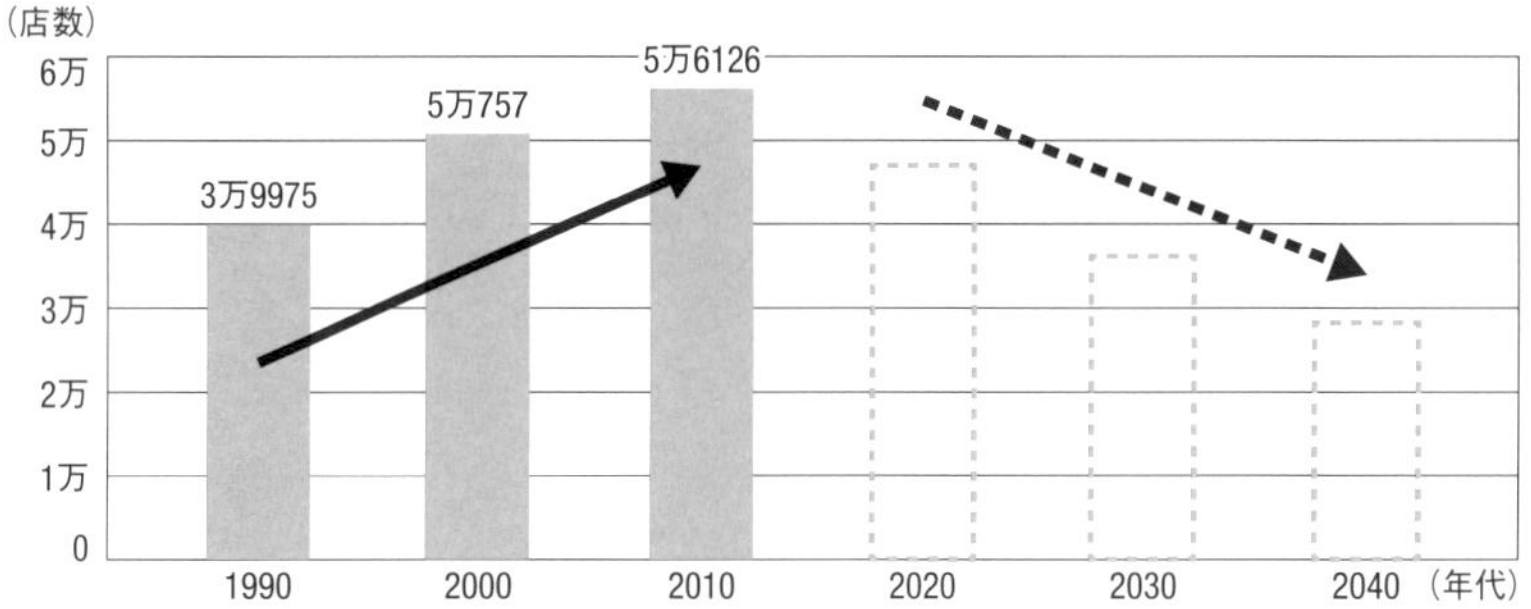

「業界メガ再編で変わる10年後の日本」から抜粋（出所:東洋経済新報社）

６万拠点の法則については、以前から日本M＆Aセンターが指摘していた。実際に２０１９年末には、コンビニの店舗数は６万店を目前に初めて減少し、５万５６２０店となっている。また家電業界では、かつては「街のでんきやさん」が６万店近くあったが、現在は約３万店にまで減少している。

なお、「街のでんきやさん」は家電量販店へと進化し、さらに現在はM＆Aによる異業種への進出を加速中だ。代表例として、ヤマダホールディングス（当時はヤマダ電機）は２０１１年に住宅メーカーのエス・バイ・エルを、２０１２年には住宅機器メーカーのハウステックを傘下に収め、太陽光発電やオール電化を備えたスマートハウスの販売促進に注力している。

法則④　トップ企業の10％が交代

日本経済新聞社の「主要商品・サービスシェア調査」によると、２０２０年は70品目中９品目で、２０２１年は56品目中４品目で首位が交代している。その交代率は約10％だ。現時点でシェアが１位だからといって、先々まで安穏としていられるわけではない。業界ナンバーワン企業であっても、その地位に甘んじ、油断していては、すぐにその座を明け渡すことになるのだ。

法則⑤　Winner-Take-All

本章冒頭でも述べた通りだが、これまでの国内ビジネスは、高度経済成長しかり、バブル期しかり、拡大する市場において「シェア」を取り合うことが全てだった。その結果、業界ナンバーワン企業の10％が毎年交代している一方で、現在もシェア上位の数社による市場の寡占化が進んでいる。

前述した「主要商品・サービスシェア調査」によれば、２０２１年は対象の56品目のうち、上位３社でシェアが過半数を超える商品・サービスは、実に27品目にも達した。その中で、「一人勝ち」ともいえるビジネスが急増中だ。これは圧倒的強者である1社が、シェアの過半数を牛耳っている状況である。

例えば、有機ＥＬパネルはサムスン電子（韓国）が60・１％、ルーターではシスコシステムズ（米）が56・６％、液晶用ガラスではコーニング（米）が55％にも市場シェアが達している。また国内企業においては、デジタルカメラでキャノンが45・８％のシェアを握っている。

新しい時代のサービスや商品というものは、トップの座に安住することが許されない特性を持っている。それはインターネット関連においても同様であり、常に新たな戦略を打ち出す必要がある。特にこれからの時代は、人口減少が著しい日本の国内だけで競争を行っていても、少ないパイを奪い合うだけで、多くの家電メーカーのように国際競争力を失うことは目に見えている。ネット関連に限らず、日本企業は大手から中堅・中小企業まで、業界再編によって国内の体制を整え、次のビジネスとしてグローバル展開に注力・強化していくことが、結果として国力の底上げとなっていくはずだ。

2

chapter2

M&Aラッシュが起こった他業界に学ぶ

１００兆円市場の食品業界のM&A事情

ここからは、既にＭ＆Ａが積極的に行われ、再編が進んできた業界ごとの法則を見ていく。食品、調剤薬局、製造、ＩＴ、物流の５業界で見えてきた「再編の法則」は建設業界の再編を読むヒントになるはずだ。

食品業界は食品製造業、関連流通業、外食産業と合わせて１００兆円市場といわれている。日本人のカロリー摂取が１９７５年に１日２２２６カロリーとなるまで増加していったことと、人口が右肩上がりで増えてきたことを要因に、市場規模は拡大してきた。しかし、２００８年で人口が１億２８０８万人のピークを迎えて減少傾向になったことなどの要因から、海外の需要を取り込むことが求められている。

そんな食品業界の再編には、大きく分けて４つの法則がある。

食品業界の再編の法則①「30店舗の崖」

外食業界では10～30店舗のチェーン展開をしている会社に、業績の良い会社が多い。創業して

◉ 食品業界の「30店舗の崖」

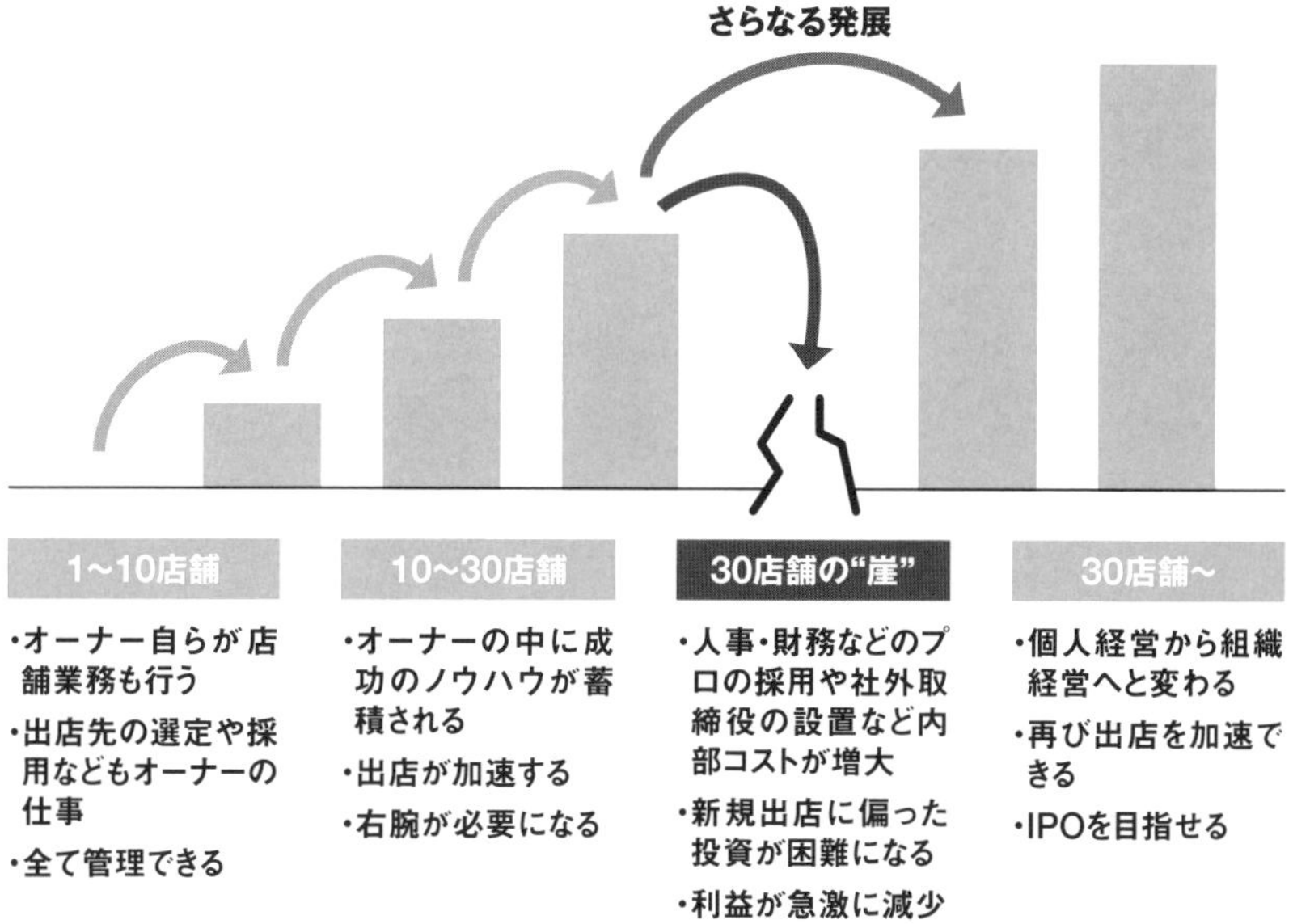

（出所:日本M&Aセンター）

から特に10店舗目までは、オーナー経営者の勘と経験により、出店地1店舗ごとに配置させる店長から什器まで、細かく社長が見て選定する。アルバイトの教育にもしっかり目が届いて、クリティカルヒットを出した新しい業態などで毎年２、３店舗ずつ展開していくことが多い。

その勢いやブームに乗って30店舗に到達すると高い利益が確保されている。しかし30店舗を超えてくると、出店数は1年間に5店舗から10店舗となり、社長の判断ではなく、本部機能が必要になってきて、出店担当者が出店の計画を、人事担当者が採用・教育をそれぞれ実施するようになる。出店スピードが速くなると資金繰りも大変になってくる。１つひとつのレベルが落ちていくとともに、本部機能のコストが重くのしかかってくるため、このラインを越えるのは非常にハードルが高い。そこで全国チェーンを展開する企業とＭ＆Ａを締結し、一緒になることで本部機能の問題を解決できる。

姫路発祥の背脂系濃厚豚骨ラーメン「ずんどう屋」を展開するラーメンチェーンのＺＵＮＤ（兵庫県姫路市）は約30店舗・売上高約37億円だったが、２０１７年に丸亀製麺を運営するトリドールホールディングスに譲渡して、強い本部機能や出店機能などを獲得することに成功した。

食品業界の再編の法則②「老舗企業のＭ＆Ａ」

食品業界では気候による違いや文化に根差した食材・調理方法があり、地方ごとでそれぞれ発達してきた。日本には老舗の企業が多い。近年は老舗企業がより長く継続し発展するために、譲渡を決断する事例が増加している。例えば、１８０年以上の歴史を持つ日本料理の老舗である、なだ万（東京・新宿）が２０１４年にアサヒビールの傘下に入った。

地方における有名な食品企業は一般的に、業績が良いものの、ＩＴ化が遅れていたり、在庫管理・生産管理をはじめとする経営管理手法や販売ルートが固定化されたりしていることが多い。そこで、多様な販売ルートを持っている企業やＩＴ人材を社内に豊富に抱えている企業に譲渡し、成長を目指すのだ。

食品業界の再編の法則③「食のファッション化」

Ｍ＆Ａの利点は、譲渡・譲受企業ともに経営資源を得られるということだ。食品業界においては、「おいしい」「安い」がキーワードの時代から、ＳＮＳの普及により「見せ方」が重要になっている。フルーツサンドやフルーツ大福などは、味はもちろんのこと、断面の美しさからＳＮＳで人気を博していった。いわゆる「食のファッション化」が加速しており、このような時代には製造技術以外にも、広告宣伝、広報のマーケティング能力が問われている。こういったことを得意とするアパレル企業が食品業界を譲り受ける事例も散見されるようになった。

食品業界の再編の法則④「製販一体型のＭ＆Ａ」

食品小売りや食品卸で、商品調達の中間マージンの削減、独自商品の提案による営業力の強化を目的とした、製造会社と販売（営業）会社の一体型のＭ＆Ａが増加している。食品スーパーなどを展開するバローホールディングスやロピア・ホールディングス、業務用スーパーの神戸物産などが、積極的に食品製造の会社を譲り受けている。

一定の規模があれば、ＰＢ（プライベートブランド）を展開できる。食品卸業などでも、「顧客のニーズをいち早く正確につかみ、商品化し、販売する」といった一貫体制を取る企業が増加している。

個人経営が多くＤＸ体制構築が求められる調剤薬局業界

調剤薬局は、１９７４年の医薬分業以降、医療と調剤の専門分化を背景に病院の中にあった薬局を切り離してきた。２０２１年時点で約75％が院外の薬局で調剤を受け取っている。調剤薬局の市場は２０２０年時点で約７・５兆円（およそ2万５０００社、６万店舗）であり、ドラッグストアの市場規模に近い。

調剤薬局業界の上場企業としては、アインファーマシーズや日本調剤などがある。調剤薬局業界も社会保険料の見直しや医薬分業比率が伸び悩み始めた。個人経営の薬局が多く、より質の高い医療を提供するための教育制度や効率化を図るためのＤＸ（デジタルトランスフォーメーション）体制の構築が求められている。

調剤薬局業界の再編の法則①「新規出店ではなくM&Aでの拡大に注力」

医薬分業を追い風に国内の調剤薬局は、２０１９年度末に6万１７１店舗となった。この数はコンビニエンスストアよりも多い。２０２１年の人口が１億２５７０万人なので、単純に計算すると１店舗につき２０８９人の患者を担当することになる。

　共通する法則の３番目で紹介した「６万拠点で飽和状態」を思い出してほしい。日本における商圏として成り立つためには１拠点当たり２０００人程度は必要だという仮説だが、コンビニも薬局も２０００人の商圏を切るとかなり厳しくなってくるため、これ以上は店舗が増えないものと想定している。

　新規に出店する余地がないため、力のある企業はＭ＆Ａによる拡大を積極的に図っている。２０１３年に上場企業であるトータル・メディカルサービスがメディカルシステムネットワークに譲渡したように、高収益の上場企業もより大手グループの傘下に入っている。

調剤薬局業界の再編の法則②「中堅・中小企業のM&Aが増加」

　２０１４年に上場企業上位10社の調剤売上高は８４８５億円であったが、２０２１年には１兆３８０９億円まで上昇している。調剤報酬の市場は、２０１４年に７・２兆円だったのに対して、２０２１年は７・５兆円とそこまで増加していない。上位10社のシェアはこの間に12％から18％にまで増加しているのだ。上位10社のシェアが10％を超えてくると業界は成長期であり中小・中堅企業のＭ＆Ａが頻繁に起こる。50％を超えると成熟期として中堅企業から地域ナンバー１企業のＭ＆Ａが増加。そして70％を超えると上場企業同士の経営統合が活発になり、国内再編のゴールとなる。

この20年で事業者数が半減した製造業

１９９８年に35万カ所あった日本の製造事業者数は、２０１９年時点で18万カ所に減少している。この20年で、ほぼ半減しているのだ。

日本の製造業（輸送用機械、化学、金属製品、電子部品デバイス、産業用機械など）全体の市場規模は２０１９年時点で約１１４兆円にも上る。まさに日本の基幹産業だ。また、その就業者数は１０６３万人で全産業の就業者数の15・８％を占めている。

製造業の再編の法則①「金型製造業で淘汰される小規模事業者」

世界の金型市場は成長を続けており、日本では海外からの輸入が増加する一方で、日本の事業所数は減少を続けている。日本国内において、２０１９年では約７割が従業者９人以下の小規模事業所である。小規模事業所は年々減少しているが、10人以上の金型製造事業所数は横ばいであり、１事業所当たりの生産額についてもやや増加傾向にある。このことから、小規模事業所が淘汰され業界再編が進行していることが分かる。

製造業の再編の法則②「特定顧客からの脱・依存」

日本国内の製造業では、特定の１社との取引に傾注していたり、特定の１つの製品しか製造していなかったりする中堅・中小企業が多い。大手１社との取引を効率よく進めるための専用の設備を導入したり、1つの製品を効率よく生産し、原価低減して提供したりすることを基本的な戦略として機能してきた。

一方で、取引先である大手企業1社への依存は、その会社のその製品の需要が落ちてくれば、一気に業績が悪化することを意味する。一定規模に成長した中堅・中小企業は取引先の分散化を図ることが企業価値の向上につながるため、脱・依存のために事業を譲り受けたり、自社を譲渡してグループに入ったりすることで、特定顧客への依存から脱却を図っている。

製造業の再編の法則③「複数の工程や技術を組み合わせた企画力」

単一の技術や製品で戦うことが難しくなってきている。生産機械メーカーは、様々な工場内設備（各種専用機・ロボット・コンベアなどを含む）を、顧客要望に応じてオーダーメイドで設計・製作する。得意な業界・機械分野を各々が独自に持っていることが一般的だ。

かつてはエンドユーザー（大手企業）が設備投資のタイミングに合わせて、装置・工程別に各々の機械メーカーへ依頼・発注する形式が一般的だった。「加工機は加工機が得意なA社に依頼しよう」「組立機はB社にしようか」「検査機はC社とD社で相見積もりを」といった具合だ。個別の装置を納入した後は、エンドユーザー自身が抱える工機部・生産技術部の技術者たちが生産計画に基づいた必要要件をまとめ上げ、工程全体の最適化を追求していた。

ところが今日では、事情が変わってきた。エンドユーザー側の技術者不足が深刻化し、自社内でライン全体を取りまとめ、システム構築まで手掛けることの難易度が高まっているのだ。その

◉ 大手企業1社の脱·依存が進む

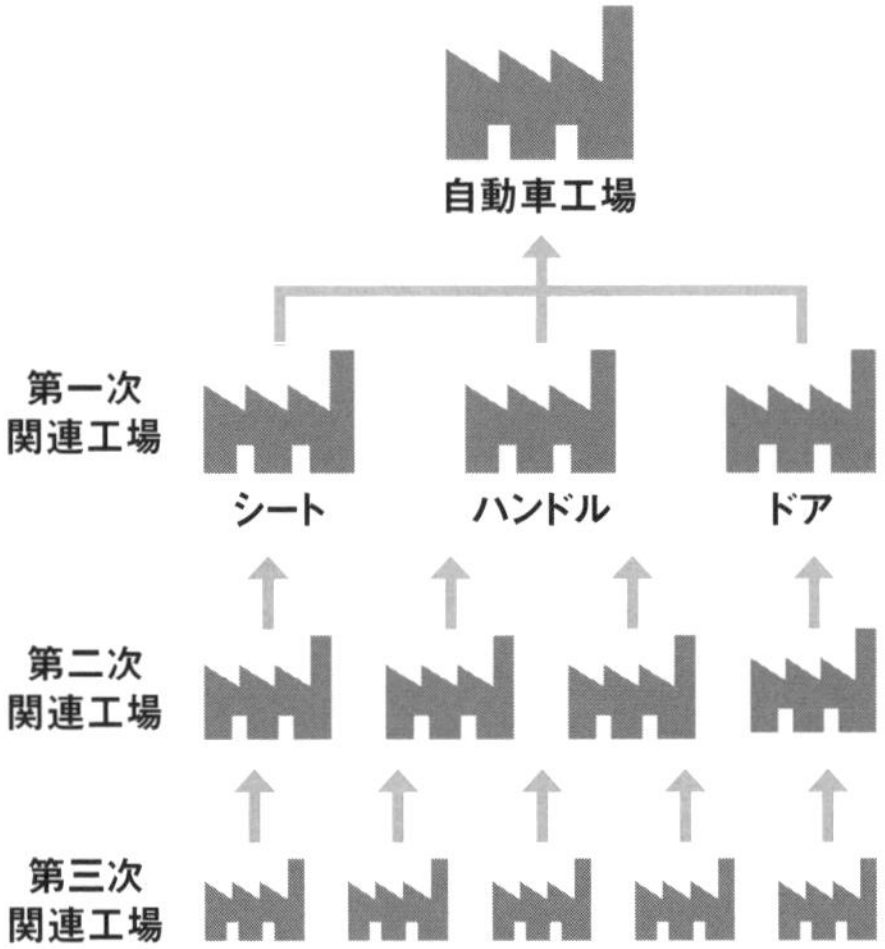

強み

・安定した仕事の受注
・当事者意識を持って業務に臨める
・特定顧客への理解が深まり、顧客ニーズに応える対応力が備わる

課題

・産業動向や顧客の経営方針に振り回されやすい
・新しい技術への挑戦が後回しになる
・顧客優先になることが多く、時代のニーズに対して後手になる

国内製造業(自動車業界)の産業構造(出所:日本M&Aセンター)

◉ 単一の技術や製品で戦うことが難しい時代

[従来]

装置・工程ごとに個別のメーカーが受注していた

[現在]

ライン一括受注・システム提案まで求められるケースが一般的になってきた

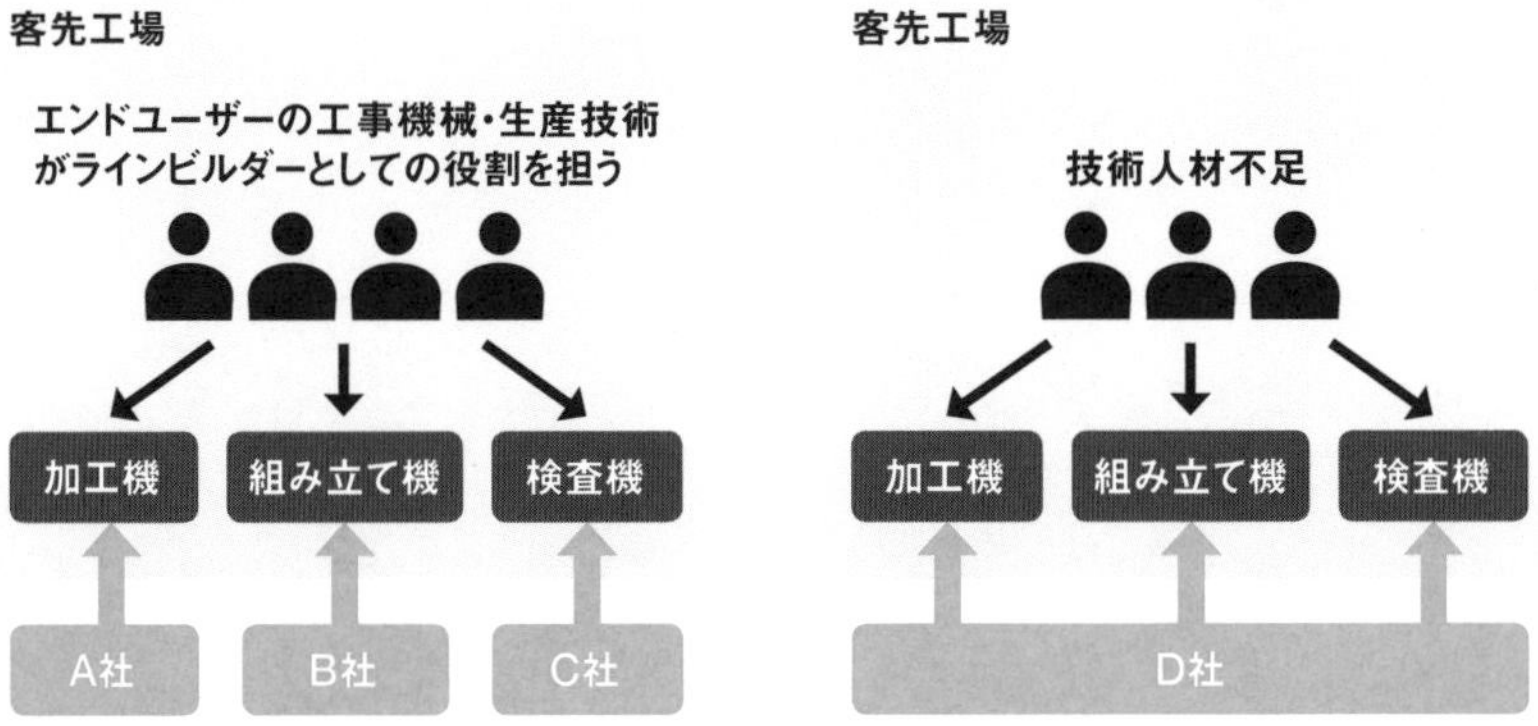

産業機械メーカーの事例(出所:日本M&Aセンター)

結果として、単体の装置製作だけでなく、複数の装置を一括受注するメーカーに需要が集中している。そうしたメーカーは、装置同士を結ぶ搬送部や、複数の工程をまたがる制御システムを一気通貫で手掛けることになる。

自社の専門分野で戦ってきた機械メーカーも、これからは複数の工程や技術を組み合わせた企画力・提案力を磨いていかなければならない。そのために、Ｍ＆Ａを活用して別の企業と組む必要に迫られているのだ。

10年後も成長を続けるであろうIT業界

ＩＴ業界は国内の市場規模が約15兆円、国内に2万３０００社の事業所がある。ＩＴ業界は10年後も成長しているであろう数少ない業界だ。米国では、ＩＴ人材の７割が事業会社、国内では7割がＩＴ企業に勤めているといわれている。事業会社が傘下にあるＩＴ企業を切り離して売却をしてきたが、ＤＸを推進するために、ＩＴ人材やＩＴ企業を自社に抱えておくことが主流になりつつある。

ＮＴＴデータなどの主要ＳＩｅｒ（エスアイアー）は２０００年から２０１０年の間に国内の事業会社のシステム子会社や１９６０年代から１９８０年代に設立された独立系のシステム開発会社を数多く譲り受けた。売上高で30億円から１００億円の製造業者、旅行業などの業界に精通し、基幹システムの開発の実績が豊富なＩＴ企業が対象となった。その後は、海外のシステム会社とのＭ＆Ａだ。２００５年からＮＴＴデータでは海外事業に注力し、今では売上高が全体の4割を占めるほどになっている。

ＩＴ業界の再編の法則①「エンジニア不足によってＭ＆Ａが加速」

現在国内のＩＴエンジニアは１３０万人程度と推計されているが、成長著しいＩＴ企業では各社で人材不足が大きな課題となっている。一から育てたり採用したりするのではなく、Ｍ＆Ａによって一気に人材を獲得することが大きな狙いだ。特にシステム開発会社は労働集約型のビジネスであり重層下請け構造が強いため、上位にいるプレイヤーが下位のプレイヤーを買収することで、優良な顧客から直接仕事を受けられて譲渡企業の単価を一気に向上させることができる。最も典型的なＭ＆Ａの形となっている。ＩＴ業界の雄であるＳＨＩＦＴ（東京・港）などは、ＩＴ業界の中でも多くのＭ＆Ａを成約させている。その多くが受託開発のシステム会社だ。

ＩＴ業界の再編の法則②「自社サービス・パッケージの獲得」

ＩＴ業界のＭ＆Ａは、「商品・サービスの強化・拡充」という側面もある。受託開発のシステム会社の買収が、対象業種や海外などに広げていくのに対して、近年ではクラウド化によってサービスやパッケージを提供する企業が増加してきており、自社での強いサービスを保有しているかどうかは10年後の命運を分ける。マネーフォワードはＳａａＳ（ソフトウエア・アズ・ア・サービス）企業の王者だが、自社で最強のＳａａＳを保有しながら、Ｍ＆Ａによって、クロスセル

◉ 労働集約型の情報サービスが9割を占める

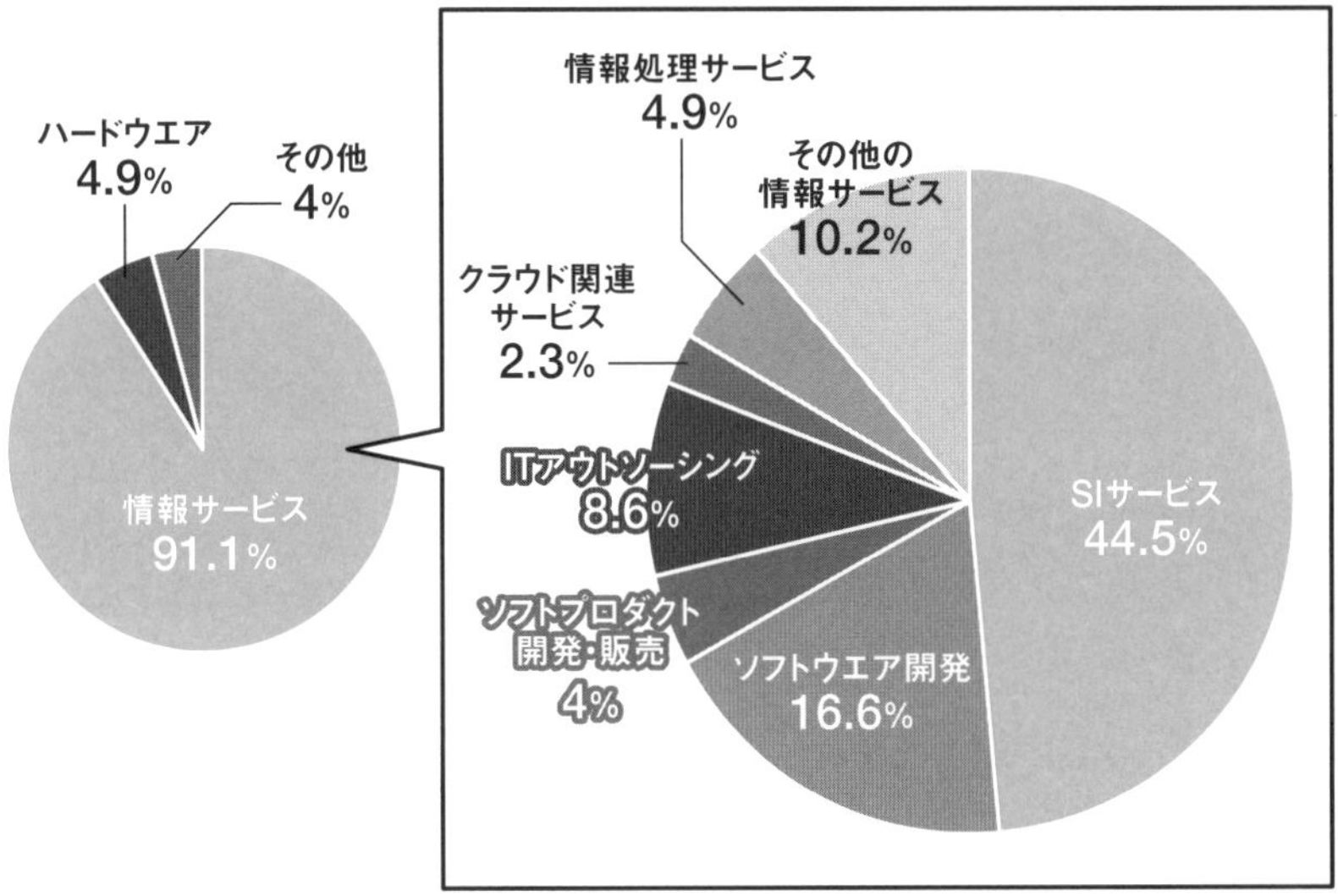

● SIサービス

いわゆる「システムインテグレーション」「システムソリューション」などと呼ばれる。システム構築を一括して提供するサービス。システム構築用のハードウエア、構築に関わる企画・コンサルティング・要求定義を含む

● ソフトウエア開発

特定ユーザー向けの「オーダーメイド型」のプログラム作成やソフトウエア保守・組み込みソフトを含む

● ソフトプロダクト開発・販売

不特定ユーザー向けの「レディメイド型」「イージーオーダー型」のプログラム作成や仕入れ販売。輸入ソフトのメンテナンス販売を含む

● ITアウトソーシング

情報システム（ホスト系、CSS系含む）の管理運用サービス

● クラウド関連サービス

ASP／SaaS／PaaSやHaaS・IaaSなどのクラウド関連サービス

● 情報処理サービス

オンライン／オフラインを問わず、いわゆる「受託計算サービス」

● その他の情報サービス

オペレーター派遣、データ入力、データベースサービス、BPO、調査・コンサルティング、IT教育・研修、インターネット接続サービス、VAN、通信回線提供など、上記以外の情報サービス関連業務

2021年版情報サービス産業基本統計調査から抜粋（出所：情報サービス産業協会）

できるＳａａＳ企業を次々にＭ＆Ａしている。

物流クライシスでＭ＆Ａが増加する物流業界

物流業界はトラック運送業や倉庫業、海運業などで構成されており、２０１７年度で24兆円の市場規模がある。そのうち、６割を占めるのがトラック運送業界であり、その市場規模は14・５兆円である。１９５０年以前は、日本の物流は鉄道を中心に構成されていたが、高速道路が整備されたことにより、トラック運送を中心とした物流網に変化していった。また、１９９０年に「物流二法」といわれる法改正が行われたことにより、トラック運送事業への参入障壁が緩和され、事業者数が急増した。

大手運送会社からの独立ブームが起こり、２００８年まで事業者数は増加し、約６万２０００者となった。それ以降も、同水準で推移しており、事業者数の多さから多重下請けが横行している。ドライバー数減少の問題と運賃相場の低下が相まって、ＥＣ（電子商取引）の宅配に伴うドライバーが足りない事態が発生しており、モノが運べなくなる危機を表す「物流クライシス」という言葉が話題になった。

そこでトラック運送業界を中心に、Ｍ＆Ａが増加している。また、トラック運送業に欠かせない軽油価格も上昇している。国内の運送会社が消費する軽油は年間で１５０億リットルに上り、燃料費はこの５年間で３４２０億円増加したと計算され、事業者にとって向かい風となっている。

物流業界の再編の法則①「２０２４年問題に向けた拠点整備」

トラック運送業界で近年問題となっているのが、「２０２４年問題」である。２０２４年４月から、時間外労働の規制が強化されて長距離の運送事業を行うことが難しくなる。中継輸送の体制をどのように整備するかが喫緊の課題となっている。

例えば、東京―大阪間を運ぶ業務を、中間地点の愛知県で中継し、「東京→愛知」と、「愛知→大阪」とに分けるような動きが増加している。しかし、愛知県に中継地点を獲得するためには、新しい土地の獲得や営業所出店の諸手続きを含め、投資費用と時間を要する。

そのため、Ｍ＆Ａによりグループ会社を増やすことで、グループ会社間で中継を実現できる。スピード感をもって、中継拠点を増やすことのみならず、お互いの収益が上がる業務を補完することで収益改善も可能となる。

物流業界の再編の法則②「３ＰＬ企業×トラック運送業」

物流業界の中で、近年存在感を増しているのが「３ＰＬ」といわれる業態である。３ＰＬとは、倉庫の在庫管理から運送までの全体の物流業務を一貫してアウトソーシングを受ける業態だ。メーカーなどは自社での在庫管理を切り替えて、３ＰＬ企業に依頼をするケースが増えている。代表的な３ＰＬ企業としては日立物流やセンコーホールディングス、ＳＢＳホールディングスなどがある。ＥＣなどをイメージすると分かりやすいが、例えば１個単位の在庫管理などが増えて

◉ 2024年以降、3PL企業の台頭が見込まれる

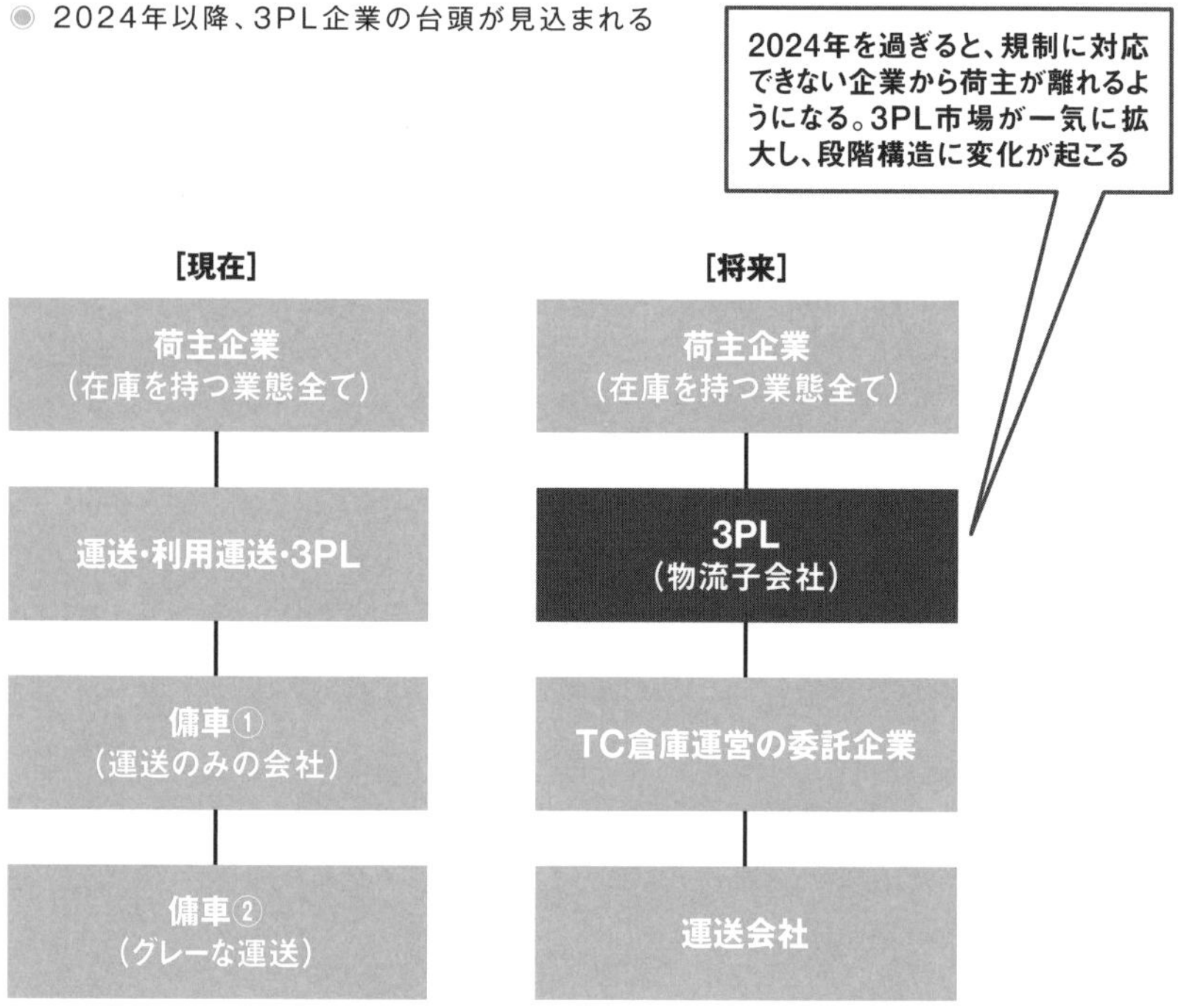

物流業界の構造変化(大まかな流れ)(出所:日本M&Aセンター)

いくと、コストと合わなくなるため、３ＰＬ企業に委託し物流改善を図るケースが増えている。ただし、これら３ＰＬ企業のメイン事業は倉庫のセンター運営であり、運送部門については外注するケースが多い。

そんな３ＰＬ企業と運送会社とのＭ＆Ａが増加している。先にも述べたように、運送会社は多重下請け構造となっており、２次請けの企業などは収益が出にくい体制になっている（収益性の高い荷物を確保したい）。３ＰＬ企業は運ぶ荷物自体は確保しているものの、運送部門を運送会社に外注しているため、その部分を安定させることで品質の向上を狙いたい。その両者がＭ＆Ａで手を組むことでお互いに業務を補完することが可能となる。運送会社としては、収益性の高い荷物を獲得できるため、即効性をもったシナジーを生むことが可能となる。

3

chapter2

建設業界再編の法則を考える

再編の過渡期にある建設業界

さて、ここまでは再編が進んだ業界の法則を見てきた。気になるのは、これらが建設業界に当てはまるかどうかだ。以下、建設業界に関係しそうな再編の法則を見ていこう。

まずは市場シェアについて。建設業界の市場規模である約60兆円に対して、上位10社のシェアは約15％を占める。つまり、法則②「上位10社のシェアは10％・50％・70％」に当てはめると、業界再編がまさに始まっている段階にあるといえる。実際に中堅・中小企業同士では提携が進んでおり、大手企業では中堅・中小企業のグループ化が盛んになってきた。規模拡大を目指す動きが進んでいる。

もう少し建設企業の内訳を深掘りしていく。

企業数は業界全体で約47万者（建設業許可業者数）。そのうち、売上高30億円以上の企業はわずか約３０００者で１％にも満たない。一方で、建設市場については、60兆円市場の約90％に上る54兆円を売上高30億円以上の企業が占めている。つまり、建設全体の１％の企業が約90％の市場シェアを占めていることになる。

◉ 1%の建設企業が9割のシェアを握る

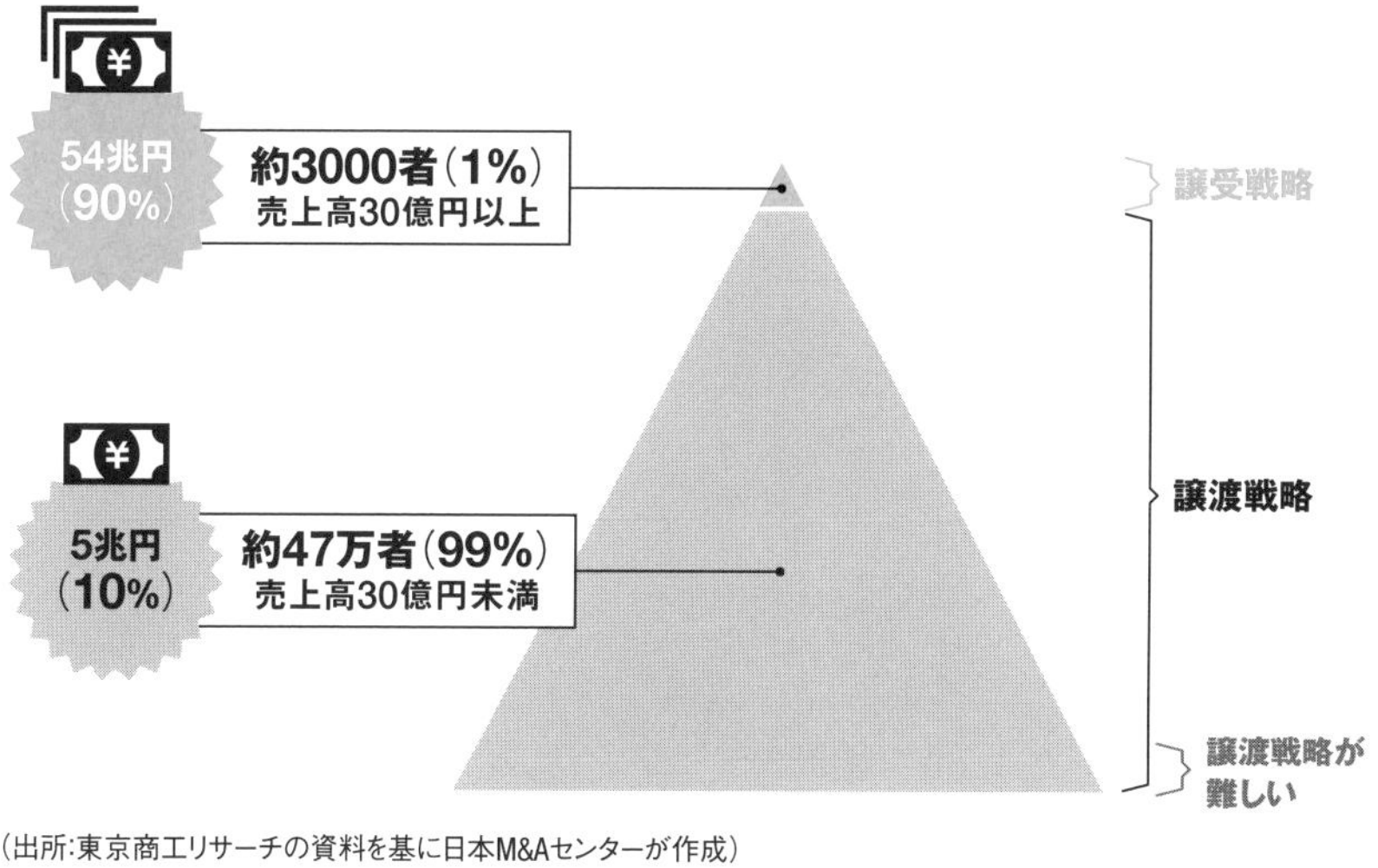

(出所:東京商工リサーチの資料を基に日本M&Aセンターが作成)

これは相当、いびつな業界構造になっているといえる。今後、ますます業界再編が進んでいくなかで、正常な業界構造に変わっていくことが予想される。

続いて、拠点数について。法則③「６万拠点で飽和状態」を考えると、建設業許可業者数が47万者であり桁が１つ違うため、このままでは法則に当てはまらない。ただし建設業界は全国各地に様々な業種の企業が点在しているため、業種別に考えると少し見え方が変わってくる。

２０２２年時点での業種別許可業者数を見ていくと、土木や建築、とび・土工は10万者を超える。一方で、電気や浚渫、塗装は約６万者だ。

ただ、建設業界の場合、以下の点を考慮する必要がある。建設業許可業者数は２０００年をピークに減り続けている一方で、業種別許可業者数はほとんどの業種で増加傾向にある。つまり、１つの会社が複数業種の許可を取得し、事業領域を拡大させているということだ。そのため、電気や、浚渫、塗装などが６万者だからといって、飽和状態であると言い切るには難しい。

一方で、数は異なるものの、飽和状態に達している業種もある。土木と建築だ。土木は２０００年時点で約17万だった業者数が、２０２２年時点で約13万者と20％減少。建築は約23万者から約15万者となり、35％減少している。過去との比較から分かるように、土木と建築においては飽和状態になったことが読み取れる。

最後に、法則⑤「Winner-Take-All」については通信工事業が当てはまる。日本の建設業界のなかで業界再編をいち早く実現したのが通信工事業だ。１つの業種で再編が完了すると、隣接業種に容易に進出し始めることが可能になる。なぜならば、既に成長のための組織体制を構築した

◎ 建築と土木は飽和状態か

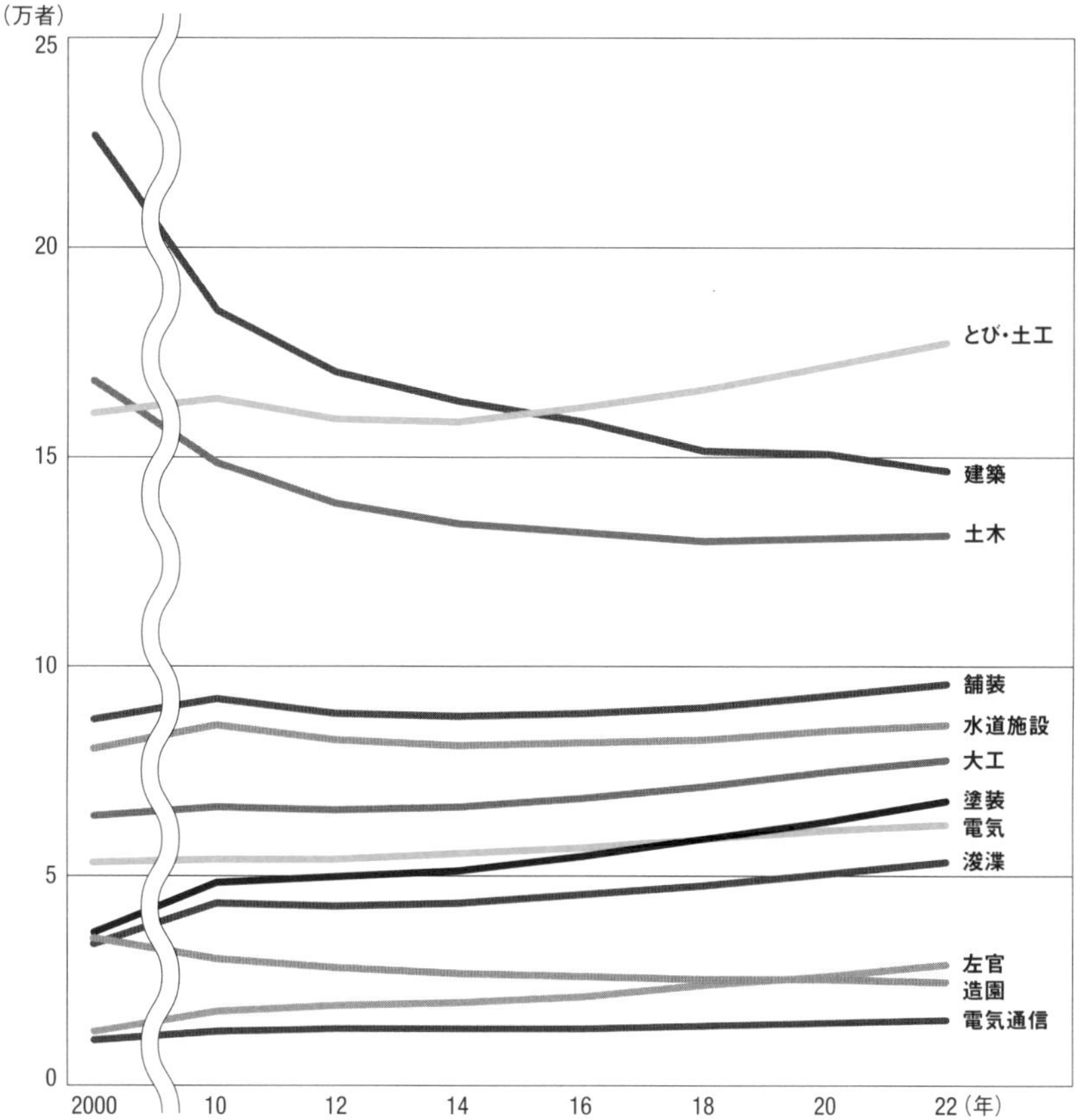

業種別許可業者数の推移(出所:国土交通省)

実績があるためだ。

通信工事業大手のコムシスホールディングスやミライト・ワンは、Ｍ＆Ａにより、建設業界大手の専門工事に対応しうる事業体制を構築。ミライト・ワン（当時、ミライト・ホールディングス）は２０２２年に、西武ホールディングス傘下で総合建設企業である西武建設を買収した。事例からも見て取れるように、通信インフラグループから社会インフラグループへと成長し、新たな建設業界のリーダーとして存在感を増している。国内での体制を整えることで本格的な海外展開も可能となってくる。

今後は通信工事業のみならず、他の業種でも業界再編が進んでいくなかで、日本の建設業全体をリードする新たなリーダーが現れることを期待したい。

8つの外的要因が再編を加速

業界再編を加速させる8つの「外的要因」についても触れておく。中堅・中小企業の経営者は、特に気を配る必要がある。

①成長期から成熟期へ移行

業界全体が成長期にあるうちは右肩上がりで市場が拡大し、参入する企業数も増えていく。しかし成熟期に入ると、さらなる成長のための統合がスタートする。特に注意すべきは、先ほども述べた「６万拠点」という数字だ。小売業などが６万拠点を超えると、それはすなわち日本国内において、競争が激化するラインということになる。

②好景気

例えばこれまでも、アベノミクスや東京オリンピック開催決定などの影響による好景気を背景に、企業を譲り受けて事業拡大したいという企業が増え、再編機運が高まったが、今後も景気が上がる局面ではＭ＆Ａは活発化する。

③不祥事

不祥事を原因に企業の業績が悪化すると、他社に買収されやすくなる。

④規制改革

国の規制改革、例えば医療業界の診療報酬改定などによって業界の収益構造が大きく変化し、再編へと発展する。法規制・税制・政府関連団体などの意向が要因となる。

⑤規模の経済（economic of scale）

卸や小売、調剤薬局など、規模拡大により、仕入れ値を安く抑えられる業界は、再編・統合が起こりやすい。

⑥大手企業・中堅企業の統合

業界の上位に位置する大手・中堅企業の統合が起こると、それを機に周辺企業のＭ＆Ａが加速する。

⑦異業種参入

他業種からの新規参入によって競争が激化し、再編が始まる。

⑧技術革新

ＩＴ化・ＤＸ（デジタルトランスフォーメーション）により仕事内容が変化。新規の特許取得、または特許切れなどが業界構造に変化をもたらし、Ｍ＆Ａに発展する。

これらに加えてもう1点、「企業の内側の要素」も再編の加速要因となる。

⑨リーダーの決定

中堅・中小企業のオーナー経営者にとって、どの大手企業グループに入るかは、自社の命運を左右する重要な決断であり、大手企業のグループならどこでもよいというわけではない。大手企業のビジョンに賛同し、「経営理念に共感できる」「社会貢献できる」「地域の発展につなげられる」「将来自社が発展できる可能性がある」など、様々なことを勘案した上で最終決断を行う。

業界再編はこれら9つの要因が複合的に組み合わさり、加速していく。どの業界にも再編は必ず起こる。それは建設業界にとっても例外ではない。これら9つの要因をトリガーとし、再編の兆しを確認したら、経営者は絶好のタイミングを逃さずに再編の波に乗るべきだ。

M&Aによって「圧倒的高値の売却」と「会社の飛躍的成長」を実現する。リーダーの決断により、社員にとっても成長産業で働くチャンスとなる。オーナー経営者には今、判断力と決断力が求められている。

第3章

中堅・中小企業のM&Aの実態

中堅・中小会社を悩ませる後継者問題。事業承継でM&Aを選択した際に、どのような流れで進めればいいのか。M&Aの手順について伝授する

chapter3

日本経済を支える中小企業

半分が黒字廃業の恐れ

日本には、中小企業庁が定義する「中小企業」が約３８０万社存在する。日本の経済を支える屋台骨であり、その地域での文化を生かしながら、独自の技術を育んでいる。また、日本における全雇用の実に約69％、付加価値の約53％が中小企業からもたらされている。中小企業とは、それほどまでに日本を支えている重要な存在なのだ。

一方で、２０２５年までに約２４５万人もの経営者が70歳を超え、その半分に後継者がいないという試算がある。これらの企業はこのまま後継者がいない状態が続けば廃業せざるを得ないため、多くは黒字廃業となる恐れがある。

加えて、就業者人口の問題も深刻だ。現在８０００万人いる就業者人口が２０５０年には約半数になってしまう。そもそもの人口が減り、消費が減り、働く人口も減り、その地域で大切に育まれてきた文化や技術の多くが失われてしまうことになる。

後継者難と就業人口の不足に悩まされる筆頭が、建設業だ。企業信用調査大手の帝国データバンクの調査によると、業種別で見た後継者不在率は２０２１年まで3年連続で建設業が1位。同

◎ 2025年時点で70歳以上の経営者の約半数が後継者未定

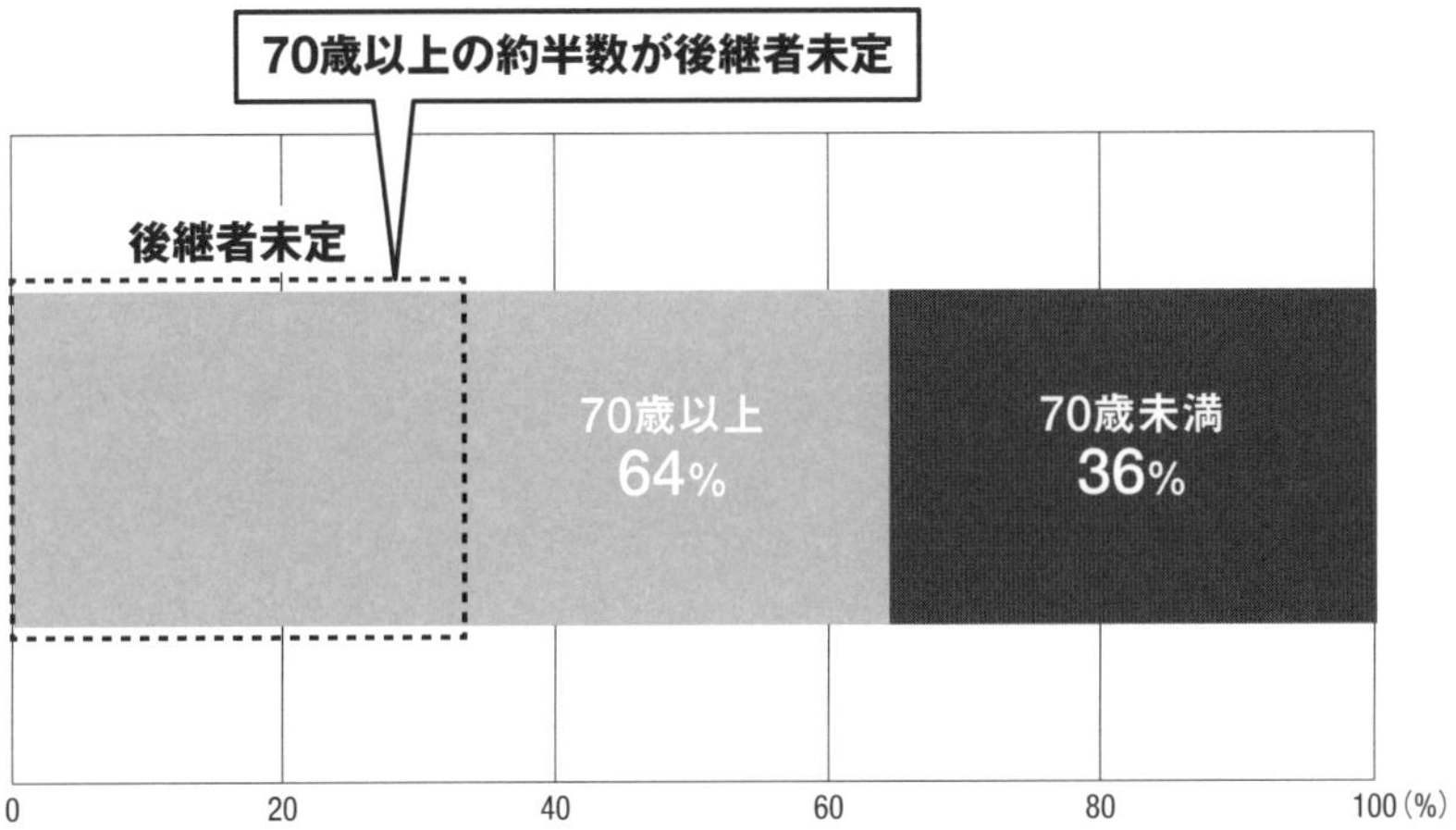

2025年に中小企業・小規模事業者の経営者が70歳以上になる割合と、70歳以上になる人の後継者未定の割合。
中小企業庁「中小企業・小規模事業者におけるM&Aの現状と課題」から抜粋（出所：中小企業庁）

じく信用調査大手の東京商工リサーチによると、２０２２年１～６月の後継者不在による倒産件数は建設業で51件。前年同期比で３割増え、過去最多を記録した。

倒産に至っていない会社も、このような綱渡りの経営状況が続くと、他の要因が重なれば倒産せざるを得ない状態に陥ってしまう。実際、建設業の２０２２年の倒産件数は14年ぶりに増加した。実質無利子・無担保融資（ゼロゼロ融資）の返済本格化や資材価格高騰などが、中小・零細建設会社の経営を圧迫したとみられる。

この事態を解決する手法の１つとなるのが、Ｍ＆Ａだ。Ｍ＆Ａが今後より一層身近なものとなり、誰でも気軽に取り組める手法になることが期待されており、最近では、インターネット上でＭ＆Ａをマッチングするプラットフォームを提供する企業も増えた。一個人が企業を譲り受けられる時代になり、あらゆる人や企業にチャンスが増え、さらに企業や地域の文化、技術の存続と発展が望める。

２０２１年には中小企業庁主導でＭ＆Ａ支援機関の登録制度がスタートし、Ｍ＆Ａに対してより一層の品質保持が図られている。安心してＭ＆Ａに取り組める基盤をつくるために、官民一体となって進み出しているのだ。

廃業した企業の90％が後継者を探していない

さて、ここからは中小建設業の大きな課題である「事業承継」に再び話題を戻したい。廃業し

◉ Web上で事業譲渡の案件を検索・閲覧できる

バトンズのWebサイト（出所：バトンズ）

た企業の廃業理由を中小企業庁が２０１９年に実施したアンケートの結果から見てみよう。

廃業した理由を見てみると、「健康上の問題」「社長自身の高齢化」といった理由が上位に並ぶなか、第1位は「気力・体力の衰え」だった。目まぐるしく変化する世の中で、「経営者としての馬力」を20年以上前と同じように発揮できるか――。この答えが現実に表れているのかもしれない。

加えて驚くべきことに、廃業した企業の90％以上が「後継者を探すことなく廃業」しているという。日本M＆Aセンターが中堅・中小企業のオーナーと面談していて時折感じることだが、固定概念や先入観にとらわれて結論を出してしまっている人が多い。


「どうせ子どもたちは帰ってきてくれないだろう」

「社員に会社を継ぐ気概のあるメンバーはいないだろう」

「M＆Aなんて大きな企業の考えることだろう」

「そもそも複雑そうで相談できる人もいないだろう」


事業を切り盛りし、自らの腕一本で会社を大きくしてきた経営者ほど、今まで考えたこともないような取り組みには、消極的になりがちだ。あるいは子どもや親族から「自分が事業を継いだほうがいいのか」と尋ねられたとき、うれしい半面、やはり同じ苦しみや大変さを味わわせたくないという思いから「大丈夫、お前は自分で選んだ道に進んでいいぞ。こっちのことはなんとか

◉ 体力・気力の衰えで廃業した割合が約50%

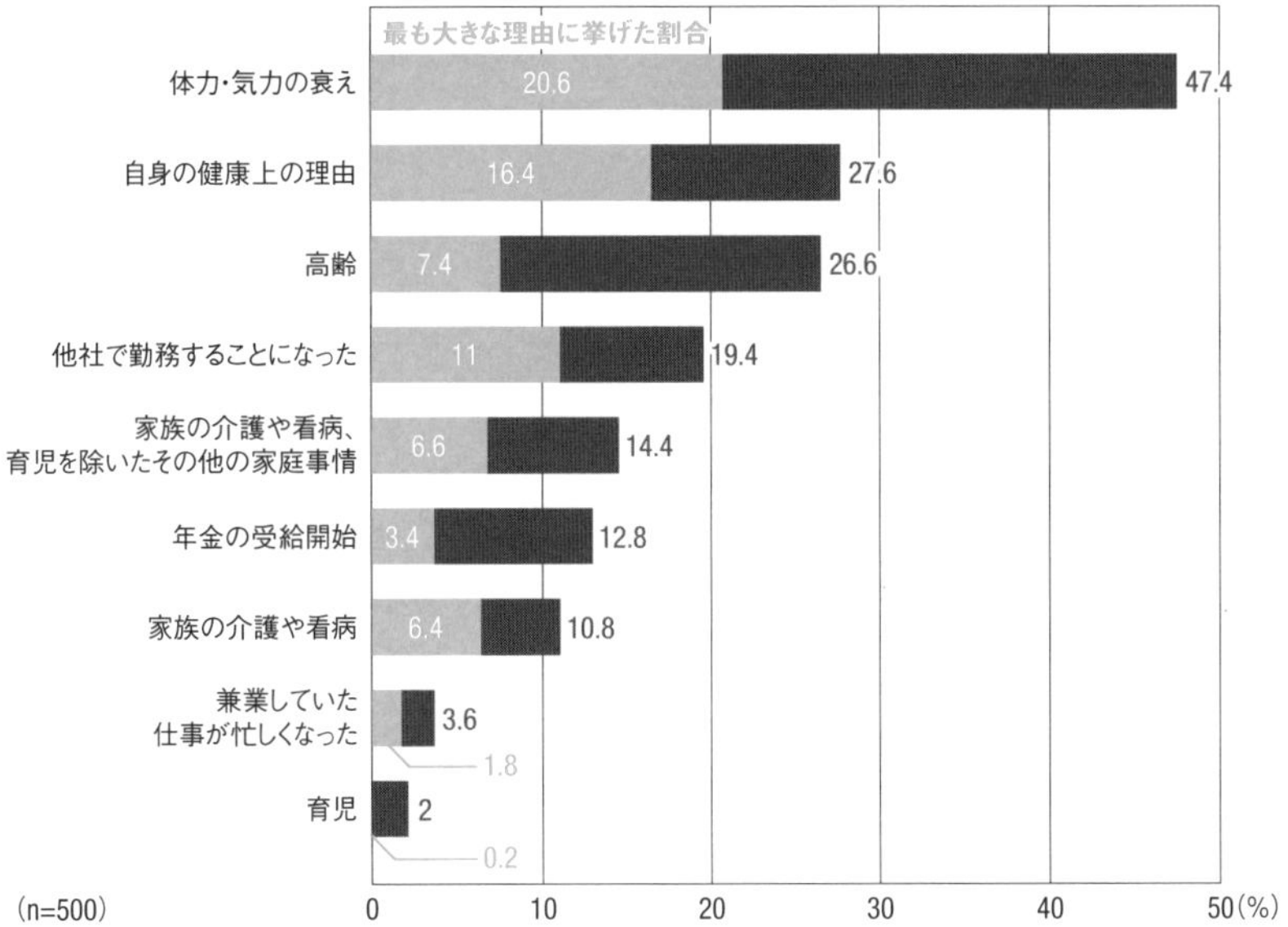

廃業の理由。日本政策金融公庫総合研究所が2019年10月に実施したアンケート結果。経営者の事情を理由に廃業した45歳以上の元経営者が対象
(出所:日本政策金融公庫総合研究所「経営者の引退と廃業に関するアンケート」を基に日経クロステックが作成)

◉ 9割以上が後継者すら探さず

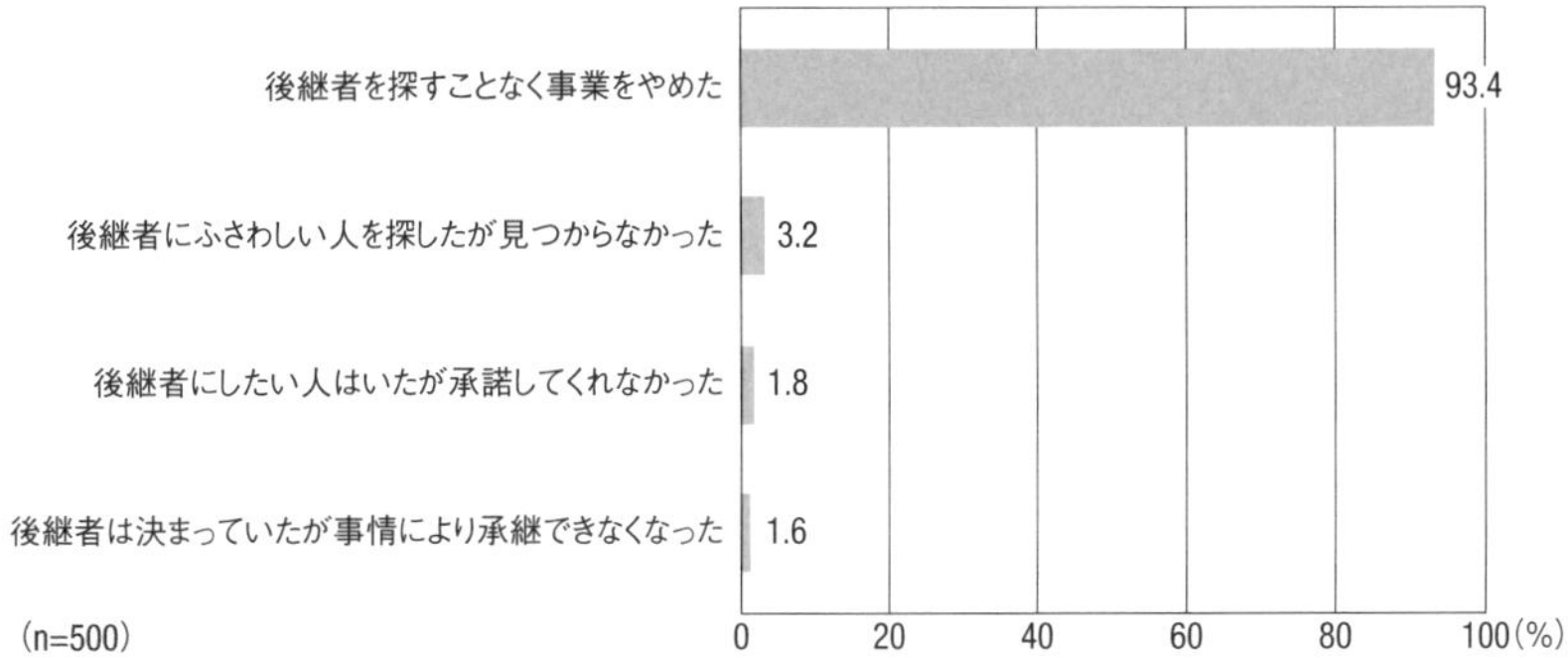

後継者の検討状況。日本政策金融公庫総合研究所が2019年10月に実施したアンケート結果。経営者の事情を理由に廃業した45歳以上の元経営者が対象
(出所:日本政策金融公庫総合研究所「経営者の引退と廃業に関するアンケート」を基に日経クロステックが作成)

するから安心してくれ」と言ってしまうオーナーは少なくない。

事業承継問題について、〝触れてはいけない聖域〟のような印象を持っている親族や社員が多いのも事実だ。また社長自身がそう思っているケースもある。もちろん社員にしても、「社長、今後の事業承継は大丈夫か」とは口が裂けても言えない。そんなことを言えば、社長から「辞めろということか」「君はそんなことは気にせず、働いてくれ」と怒られてしまう可能性もある。お互いが気を遣ってしまい、事業承継について踏み込んで話ができないというのは、仕方がないのかもしれない。

事業承継には一般的に、①親族承継、②社員承継、③Ｍ＆Ａ、という選択肢がある。どの選択がベストなのかは、１つひとつの方法を吟味し、天びんに掛けて初めて答えが見つかるもので、全ての選択肢のメリット・デメリットをしっかりと洗い出すことが何より大切だ。

事業承継はオーナーだけの問題ではない。そこで働く社員や、それまで長い付き合いをしてきた取引先などの将来も一緒に考える必要がある。そうした点も勘案すれば、本来は事業を存続させていくべきだろう。それを全く選択肢として考慮せず、廃業を選ぶのは非常にもったいない。

後継者と地域の視点で考える

もう１つ、興味深いデータを紹介する。

後継者がいる企業といない企業とでは、各種の成長率に差がある。２０２１年の中小企業白書

◎ 後継者ありの方が成長率が高い

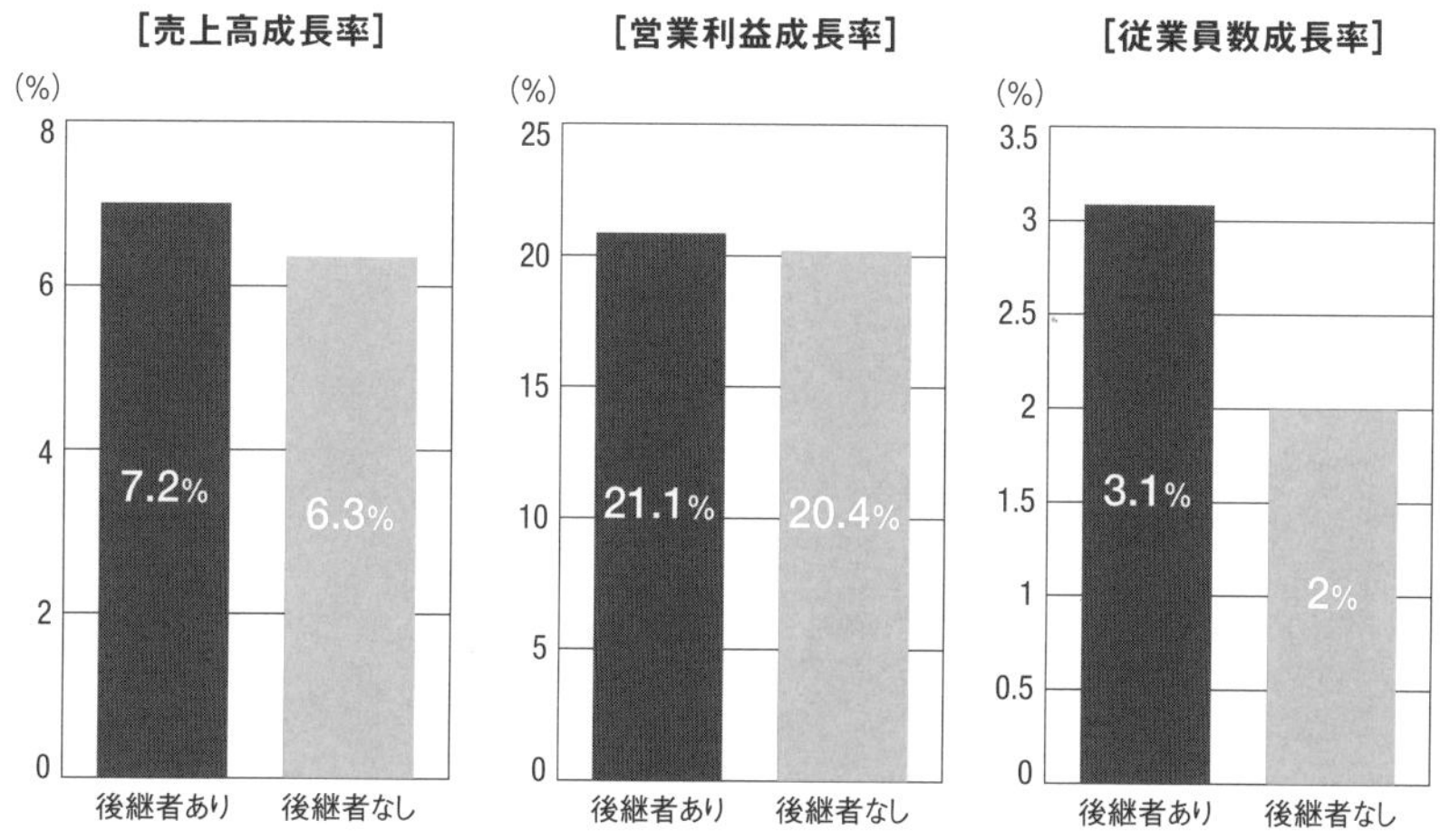

2021年版「中小企業白書」から抜粋(出所:中小企業庁)

によると、売上高成長率は後継者なしの場合は６・３％で、後継者ありの場合は７・２％。従業員数成長率では、後継者なしは２％、後継者ありは３・１％となっている。後継者がいることで、周囲からも経営基盤は盤石だと思ってもらえるのだろうか。社員も仕事に集中できるし、経営側も将来を見据えて安心して投資できるということかもしれない。

　次に「地域」という視点で企業の在り方を考えてみる。

　その例として、奈良県を見てみる。いわずと知れた文化県だ。東大寺や法隆寺をはじめ、歴史的建造物が多く、文化が古くから守られてきた。財務省財務総合研究所の「フィナンシャル・レビュー」（２０１７年６月）によると、受験偏差値60以上の高等学校が14校あり、教育水準は高い。しかし、若者のＵターン率を見ると、全国平均約30％に対して、10％程度しかない。上場企業も10社に満たない。２０１５年を１００とした場合、２０４０年の企業数は62、就業人口は76、生産年齢人口は66と予測されており、それぞれかなりのスピードで減少傾向にある。

　併せて、長崎県を見ていきたい。同県は奈良県以上に深刻な予測がある。受験偏差値60以上の高等学校は13校だが、Ｕターン率は全国最下位の５・６％。上場企業はゼロだ。「長崎ちゃんぽん」のチェーン店を展開するリンガーハットも本社を長崎から東京に移した。２０１５年を１００とした場合に、２０４０年の企業数は58、就業人口は68、生産年齢人口は66と、予測は厳しい。

　これからは、こういった地域の存続と発展にも注力しなければならない。若者が戻りたくなる仕事をつくり、企業を育てる。そうして都会から地方まで、中小・ベンチャー企業から大企業に至るまで、発展を図っていかなければならないのだ。

2 chapter3 事業承継3つの方法

考え方が変わってきた事業承継

中小・零細企業では事業承継問題を解決して事業を引き継ぐ、中堅・中小企業は成長戦略を実現する、地域で有名な優良企業はその地域を代表するスター企業となるべく行動を起こしていく、上場企業は選択と集中でより強い分野に磨きをかけていく――。様々な点で企業が発展するきっかけがあり、Ｍ＆Ａはその方法の１つとして活用できる。

地方創生は日本創生につながる。これからの日本は、ここを目指して行動を起こさなければならない。

先ほども触れたように、一般的に事業承継の方法には、①親族承継、②社員承継、③Ｍ＆Ａの３つがある。中小企業庁によると、40年前と今では事業承継に関する考え方が変化している。かつては企業の９割が親族内承継を行っていたが、現代では親族以外の承継が約70％を占める。これは「親族承継にこだわるのではなく、会社の将来を見据えて、誰が引き継ぐべきか、誰がさらに会社を発展させられるのか」を考えるようになったからだろう。

そこでそれぞれの方法に関して、メリット・デメリットを含めて解説していきたい。

◉ 上場企業以外は地方創生にチャンス

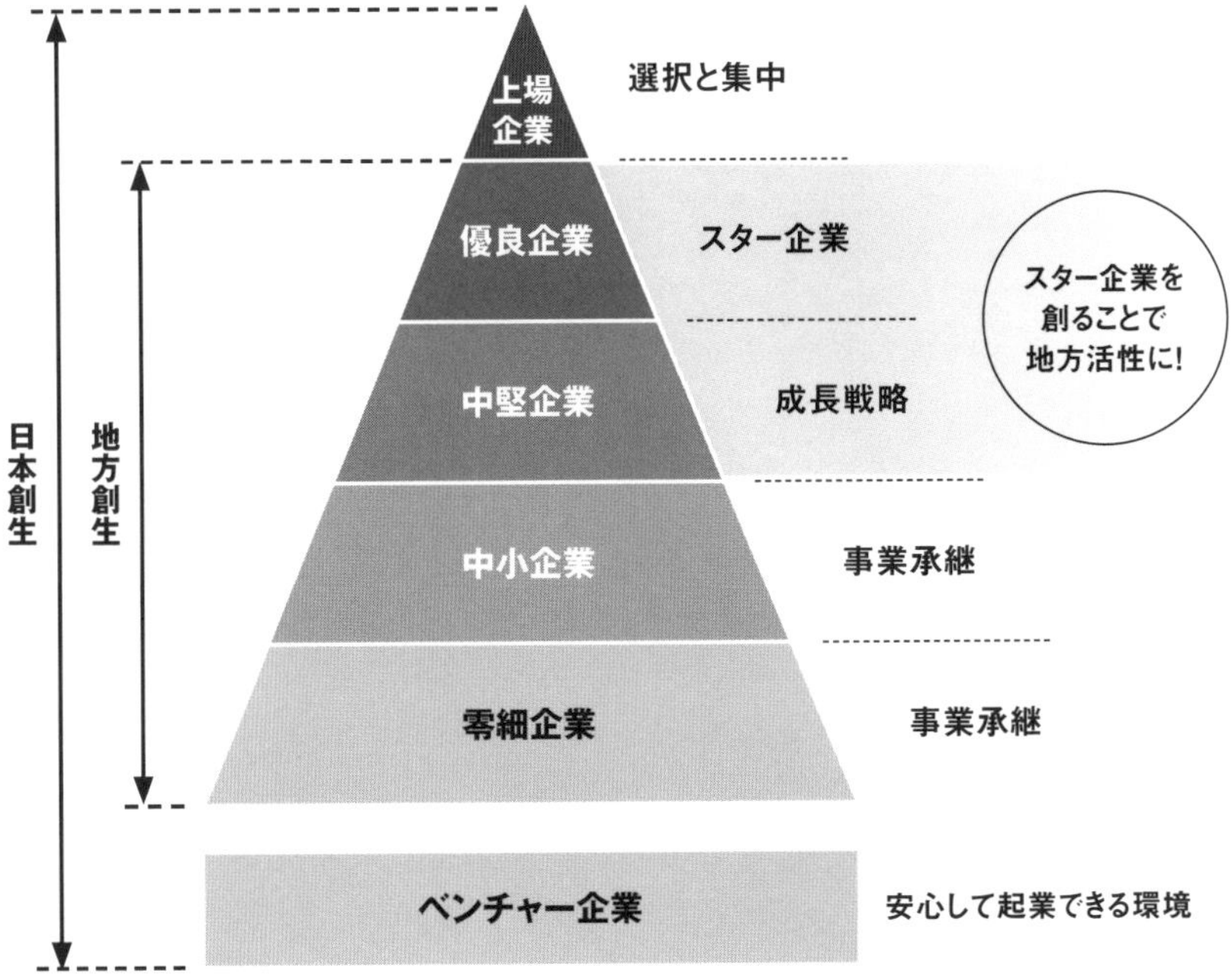

(出所:日本M&Aセンター)

社内や取引先に納得を得やすい親族承継

親族承継については、長らく社内に勤めていた親族が継ぐケースもあれば、一定の年齢や経験を経たほかの仕事をしている親族を自社に呼び戻すケースもある。これまでの建設業界で事業承継といえば、親族承継のイメージが強いだろう。親族承継の大きなメリットは、周りの社員や取引先の納得を得やすいことが挙げられる。日頃から社長の背中を見て育ち、事業についても理解が深いため、周りからすると安心感があり、反対する人も少ない場合が多い。

一方で、この方法の難しい点は、まず「候補者が親族内にいるかどうか」という問題だ。有望な親族がいても、全く違う畑で人生を歩み、戻ってこないケースも増えている。また、継いでくれそうな候補者がいる場合でも、「相続税の壁」が立ちはだかることが多い。中堅・中小企業でも株が億単位の額となるケースは少なくない。それを相続しようとすると、必然的にその約半分の現金を相続税として支払わなければならなくなる。一個人にとって、この額をすぐに支払わなければならないというのはとても困難だ。当然、贈与についても同様の悩みが出てきてしまう。

そのため、親族内への株の承継は、子どもが複数人いる場合には、将来的な相続での配分を検討しながら、生前に長い年月をかけて計画的に承継していかなければならない。すぐに渡せるものではないことを考慮する必要がある。

また、中小企業白書（２０００年版）にある「後継者の育成に必要な期間」に着目したい。これによると、後継者を育成するために「5年以上かかる」という回答が7割以上だ。技術やノウ

◉ 事業承継は大きく3つの方法に分かれる

	親族	社員	M&A
従業員の雇用	○	○	○
	雇用維持	雇用維持	雇用維持
関係者の納得	◎	◎	○
	得やすい	得やすい	得られる（社長が引き継ぎに残るケースが多い）
確実性	△	△	△
	候補がいないとNG	候補がいないとNG	時間が読めない不確定戦略
金融機関借り入れ連帯保証	△	△	○
	親族が引き継ぐ（引き継ぎを拒否されるケースもあり）	関係者が引き継ぐ（引き継ぎを拒否されるケースもあり）	解除される
株式の引き継ぎ	△	△	◎
	相続税を現金で支払	関係者が買い取り（資金力が足りず買えないケースも多い）	譲り受け企業が買い取り（創業者利潤を確保できる）

事業承継の主な方法（出所：日本M&Aセンター）

ハウの教育に始まり、同業者や経営者との集まりへの参加、取引先への顔つなぎ、経営に関する教育、業種によっては資格の取得なども必要となる。それらをしっかり引き継ぐには相応の時間がかかり、事前準備が欠かせない。

事業理解度が高く顧客との接点が多い社員承継

続いて、社員承継では事業を熟知した幹部や役員が継ぐケースが多い。

本人の事業理解度は高く、現場にいるため顧客との接点も多い。そのため、社内外からの納得感や安心感はとても高い。これまで幹部として登用されていたため、社長自身とも「阿吽の呼吸」が成り立っており、引き継ぐ側も安心して任せられるというメリットがある。

しかし、この方法にも株の承継の問題が立ちはだかることになる。社長と後継者に親族関係がないため、まず株の価格の取り決めが難しくなる。譲渡側は創業者利潤を得るために高く設定したい。一方で、譲り受け側は当然安く引き受けたい。このすり合わせが非常に難しい。親族承継でも同様だが、株価が億を超えることも少なくなく、一個人では用意できないことが多い。元オーナーが連帯保証をして買い取り資金を金融機関から調達するという方法もあるが、この方法では元オーナーの連帯保証をいつまでも外せないため、本来の事業承継とは言えなくなってしまう。

そこでよく起こるのが、「元オーナーとの年齢が近い後継者との承継」だ。ただしこの場合、10年育てた幹部をようやく社長に据えたと思っても、引き継ぎ後、すぐに次の事業承継のタイミングに差し掛かってしまい、次の10年を見越して引き継ぎに動かなければならなくなる。何のために承継したのかが分からなくなる。

引き継ぎ資金に悩まず済むＭ＆Ａ

最後がＭ＆Ａだ。メリットは、親族承継や社員承継のデメリットの対極にある。元オーナーの連帯保証はＭ＆Ａ実行時に解除され、株の引き継ぎ資金についても悩む必要がなくなる。

そして、大きなメリットはその後の事業展開だ。譲り受け企業はそれまでの独自の事業やネットワーク、顧客層を持っているため、それらと組み合わせた相乗効果を期待できる。新たな利益が生み出され、それを将来への投資や社員への還元に利用し、より一層発展させられるのだ。

一方のデメリットは、ふさわしい相手といつ巡り会えるか分からないため、計画的に動くことが困難だという点。結婚と同様に、Ｍ＆Ａは自分のタイミングと相手のタイミングが合致して初めて成立する。そのため、事前に情報収集を含めてしっかりと準備をしていくことが重要となる。自社の不動産賃貸借契約や取引契約などをしっかりと精査しておくことも必要だ。そもそもＭ＆Ａが禁止事項に該当していて、その対応に数カ月かかってしまうこともまれにある。将来を見据えてＭ＆Ａが1つの選択肢に考えられるのであれば、早めに正しい情報を収集しておこう。

また、「いきなり知らない人たちが来て社内の納得感が得られるのか」という質問も受けることがある。これに関しては、正しい順序と正しいやり方を踏めば、まず間違いなく理解が得られると考えている。オーナーが悩みに悩んで、何度も相手と意見交換し、今後の社員や会社のことを考えて決めたのであれば、道を大きく外れることは少ない。社員や関係各所にも、オーナーのそれまでの思い、候補先選定のプロセスなどをしっかりと伝えることで、「今まで信頼してきたオーナーがそう決断したのであれば、納得できる」という心情になっていく。

ただ、そのためには、伝え方や言葉尻を含めて最大限に気を遣う必要がある。詳細は後述するＭ＆Ａの手順のパートに記すが、Ｍ＆Ａの情報を開示される側にとっては大抵初めてのことであり、寝耳に水の話だ。そのときの動揺は大きい。開示される側にしっかりと配慮した環境や場面をつくり、真摯に向き合う必要がある。これらの方法や順序は、実績とノウハウを持ったコンサルタントに相談するのがよい。

このように、事業承継の方法にはそれぞれメリットとデメリットがあり、全ての選択肢をしっかり吟味して検討しなければならない。

大切なのは、会社やそこで働く社員の将来、取引先との関係性を含めて、「オーナー以上に能力があり経営をしていける承継相手かどうか」という観点で考えることだ。いずれの方法であっても、元のオーナーより経営者としての能力が高くなければ、承継を成功へと導くことは難しい。

経営者は腹をくくって、多額の借入金の連帯保証をし、それまで事業を経営してきた、いわばカリスマ的存在だ。その馬力を超える能力と覚悟を持つ人材がいるかどうか、きちんと検討すべきである。そのような意味で、親族であれば家族会議で、社内であればその候補者としっかりと膝を突き合わせて、「会話をする時間」を設けることが不可欠だ。

3

chapter3

Ｍ＆Ａの具体的な進め方

Ｍ＆Ａ成功の鍵は手順

ここからは、事業承継などでＭ＆Ａ仲介会社に譲渡を相談する場合のＭ＆Ａの手順について解説していきたい。Ｍ＆Ａにおいて「手順を守ること」はとても重要だ。次ページに示す手順を、1つでも飛ばしてはいけない。

①事前相談

譲渡を完全に決断していなくても、将来的に選択肢の1つとして考えているオーナーから、Ｍ＆Ａ仲介会社へ相談されることがある。そもそもＭ＆Ａとは何か、他社ではどのような事例があるのか、自社が仮に進める場合はどのような候補先が出てくるのか、またその数はどれくらいなのか――。簡易的に株価の評価を行い、これらの大体のイメージを示していく。Ｍ＆Ａはあくまで事業承継の1つの方法にすぎない。そのため、将来を見据えながら「Ｍ＆Ａを行うことで会社がどうなっていくのか」を想像してもらうことになる。

また、この結果を基に社内のキーパーソンや取締役などに相談する経営者もいるが、それはあ

◉ 譲渡希望企業のM&Aプロセス

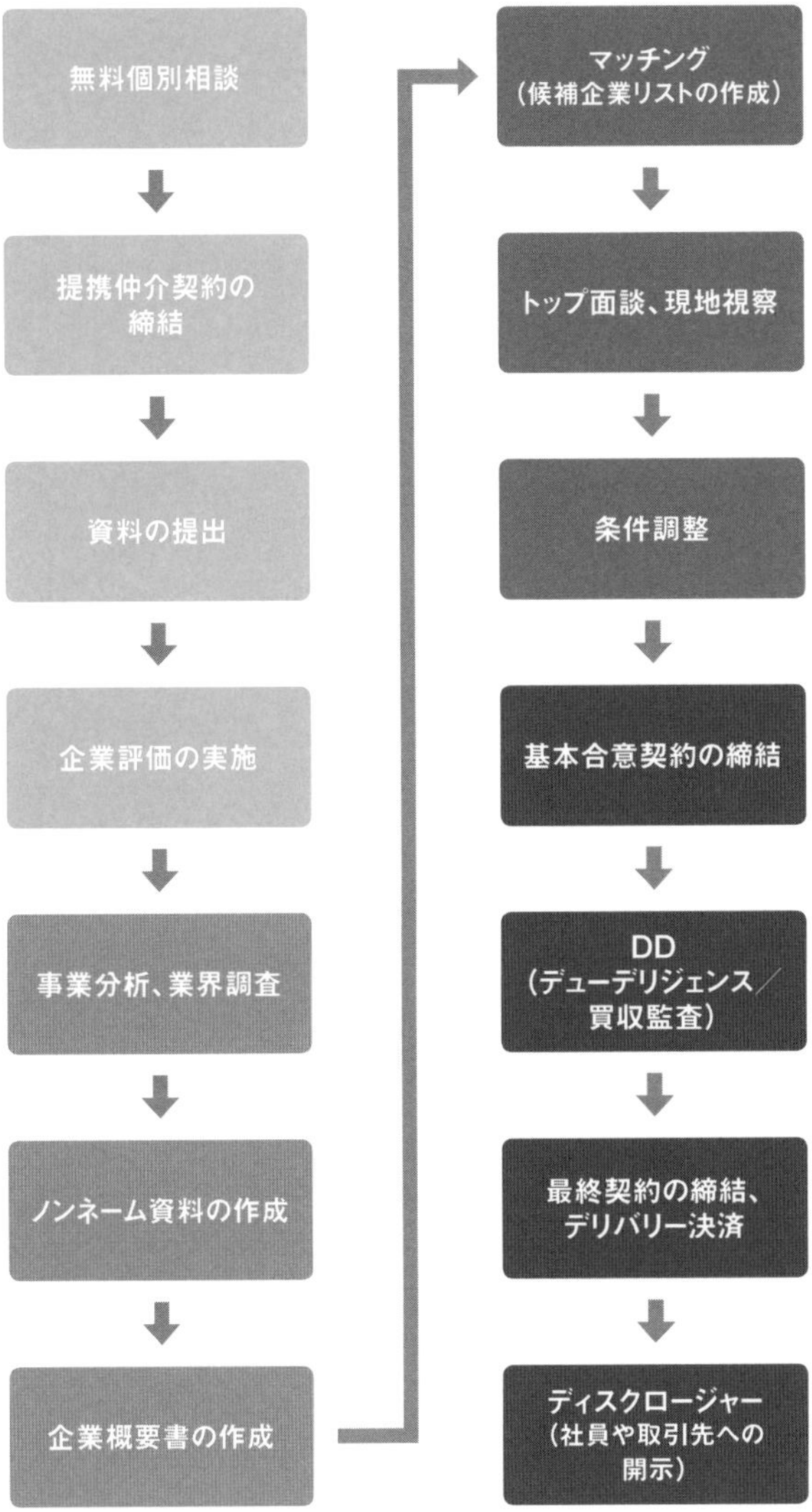

（出所：日本M&Aセンター）

まりお勧めできない（というより意味をなさないことが多い）。相談された側もほとんどの場合は経験のないことで、さらにはM＆Aの相手が決まっていない状況での相談になるため、良くも悪くも何も判断ができない。

その状態では基本的に現状維持を選択せざるを得ず、否定的な意見が集まりやすくなってしまう。社内のキーパーソンなどに相談するのは、M＆Aの相手が出てきて、条件などが明確になってからがよいだろう。

②委任

事前相談を経て、正式にM＆A仲介会社に相手探しを依頼する提携仲介契約を締結するのがこのフェーズである。

専任の契約を結ぶのがM＆A業界では基本であり、成約率も上がる。着手金の有無や成功報酬の金額、その支払いのタイミングなど、どこまでを業務として手伝ってもらえるのかをしっかりと確認した上で、契約すべきだろう。

着手金がかかる場合とかからない場合があるが、仮に無料であっても軽い気持ちで契約するのは大変危険だ。例えば、M＆Aがうまく進まず仲介を他社に切り替えようとしたときに、（正式な提案の有無に限らず）それまでに情報を共有された企業について、次の仲介会社では提案を行うことができないケースが大半だ。契約時にはどのようなことが制限されるのか、しっかりと確認をした上で締結するのが望ましい。

③案件化（企業概要書・企業評価書の作成）

相手探しまでで最も重要なフェーズとなる。譲り受け候補企業に提案できる状態まで進めるための提案書（企業概要書）作りと企業評価書作りをする。

このフェーズではいかに自社の魅力をＭ＆Ａ仲介会社に伝えられるかが鍵となる。譲り受け候補企業は、企業概要書を見てその後の交渉を進めるか判断するので、事業の特徴を資料に落とし込む必要があるためだ。また、Ｍ＆Ａを進める上でのリスクの洗い出しも求められる。

Ｍ＆Ａの成約後にトラブルが起こることは、お互いにとって最も不幸だ。Ｍ＆Ａ仲介会社はクライアントから何千ページにもおよぶ資料を預かり、それらを一枚一枚精査していく。必要に応じて税理士や公認会計士、弁護士、司法書士など専門家の目を通しながら、リスクがないか、Ｍ＆Ａ前後で対応しなければいけない事項はないか、Ｍ＆Ａの実行を妨げるような契約書はないかなど、ありとあらゆる角度から論点を検討していく。

場合によっては、ここで見つかった事項に対応するためにＭ＆Ａの動きが半年以上遅れてしまうこともある。しかし、時間がかかっても、Ｍ＆Ａ交渉の最終フェーズやＭ＆Ａ後に問題が起こらないように、この段階でしっかり準備しておくことは欠かせない。

次に評価書の作成があり、文字通り企業評価を精緻に行っていくことになる。例えば、日本Ｍ＆Ａセンターの場合、グループ企業に企業評価総合研究所という会社があり、Ｍ＆Ａのノウハウに精通した「企業評価のプロフェッショナル」が集まっている。そこで長く蓄積されたデータを用いて、該当する企業を精査し、企業評価をしていくことになる。

この企業評価は、いわゆる相続税評価を意識した株価の評価とはまったく別物になる。あくまでＭ＆Ａでの株価であり、将来的な収益などの価値を現在の価値に織り込んで計算するという考え方のため、多くの場合、相続税評価を意識した株価より高く評価される。

オーナー社長はこのタイミングで初めて自社の評価額を知ることになる。今まで会社経営上で頑張ってきたことが、どう評価されるのか、いろいろと発見があるはずだ。

④相手探し

ここではまず「ロングリスト」と呼ばれる、譲り受け企業の候補先のリストを作成する。コンサルタントがこれまで蓄積した譲り受けニーズを基に、提案する企業の候補をリストアップしていく。日本Ｍ＆Ａセンターの場合、１案件に対して１００社以上の候補先を出すことが多い。候補先の中には、譲渡企業オーナーの知り合いや、同業者・取引先が含まれるケースがあるので、どの候補先に実際に提案してよいか、オーナー社長とコンサルタントで確認していく。

とはいえ、ここで数を絞り過ぎてもよくない。やはりベストなパートナーを探すという観点からすると、候補先は多いに越したことはない。このバランスをコンサルタントと相談しながら、しっかりと吟味していく。

確認した候補先には、「ノンネーム」といわれる企業が特定できない範囲での情報開示資料を用いて提案し、興味や関心の度合いを測る。その中で興味を持った企業と秘密保持契約書を締結し、企業概要書を提示していく。そうして候補先企業とＭ＆Ａ仲介会社のコンサルタントでＱ＆

Aを繰り返し、譲り受け候補企業が正式に交渉を進めたいと判断すると、譲り受け候補企業とM&A仲介会社との間で提携仲介契約が結ばれる。

その後、両社の社長と仲介会社でトップ面談を開催する。トップ面談は条件交渉をする場というよりは、お互いの人となりや創業の経緯、会社の文化を知ることの方が大切だ。オーナー社長が、育ててきた会社を託せそうな相手かどうかを見極めるのだ。譲渡側の譲渡理由や譲り受け側の今後の戦略などについても、この場で意見交換をしていく。時間にして1~2時間程度の面談になる。トップ面談は複数社と行うことも多い。必要に応じて工場・会社見学なども行われる。

⑤基本合意

譲渡企業と譲り受け企業の両社で合意がなされた場合、条件交渉を経て、基本合意の締結に進む。結婚でいえば婚約に当たり、ここからは1社と交渉していく。ここで初めて、譲渡企業と譲り受け企業が書面を直接交わすことになる。基本合意書は、次のような要素を押さえて約束するものだ。

・株価
（・スキーム）
・その他の付帯条件（取締役の処遇や資産買い取り条件など）
・スケジュール

・秘密保持
・独占交渉権

この後にＤＤ（デューデリジェンス／買収監査）があるが、基本的にはこの時点で公表している情報や取り決めている事項について、理由なく変更することはルール違反となる。基本合意書内の条項には法的拘束力があり、しっかりと両社の意見を組み込んだ上で作っていかなければならない。

専門的知識が不可欠なＤＤ

⑥ＤＤ（デューデリジェンス／買収監査）

ＤＤは最終契約締結前に譲り受け企業が自身の目で、「これまで共有された情報に大きな間違いがないか」を確認する場だ。あら探しをするというよりは、これまで見聞きした情報が違っていないか、Ｍ＆Ａが成立した後の引き継ぎをスムーズにするために事前に全容を把握しておくというものだ。

「相手の事業はよく知っているから、決算書や試算表だけ確認させてもらえれば大丈夫。お金をかけてまで詳しく調査しなくてもよい」として、このフェーズを飛ばしてしまおうとする企業がたまにある。しかし、絶対に外してはいけない工程だ。後々知らない事項が出てきてトラブルになったときには、譲り受け側が調査を詳細にしなかった責任を問われることがある。

とはいえ、M&Aに慣れていない企業からすると、何を確認したらよいかが分からないケースもある。その際はM&AのDDを専門に扱っているプロフェッショナルに委託することをお勧めする。DDのプロは、業種ごとに押さえるべきポイントを熟知しており、ヒアリングも的を射ているため、DDをスムーズに行うことができる。

コストを気にして自社の経理部門や顧問の税理士、公認会計士など慣れていない人に任せると、的確な質問などができないケースがある。またその質問が（無意識に）譲渡側にストレスを与えて、場の空気が壊れてしまう恐れもある。膨大な資料を準備しなければならない譲渡側のオーナーは、社員には頼めず、自分1人で集めているケースも多い。とてもストレスのたまる場面だ。相手の状況にも配慮しながらスムーズに進めていきたいフェーズといえる。

⑦クロージング

DDでしっかりと確認をし、最後の条件交渉を経て、最終契約書の締結に入る。

一般的には最終契約書の締結と決済（株式譲渡）を同日に行うのがセオリーだ。盛大にM&A成約式を行い、社員や取引先には計画を立てて慎重に開示していく。開示される側からすると寝耳に水の話であり、今後どうなっていくのかが想像できないことから不安を感じる場面だ。特に重要取引先や幹部社員に対しては、膝を詰めて説明することが大切になる。

これについては、オーナーと開示相手との関係性が親しければ親しいほど、成功率は高い傾向にある。親しいからこそ「批判されるのではないか、辞めてしまうのではないか」といった心配をする人もいるが、実際は逆のことが多い。信頼している相手だからこそ、「あなたがそういう結論に達したのなら、異論はありません」という流れになる。また、個別に説明できない社員全員や取引先に対しても、噂が広まったり誤解を招いたりすることのないよう、その順序や話す内容などは、特に気を遣って慎重に検討しなければいけない。

このように、相談からクロージングまで、押さえるべき様々なポイントがある。Ｍ＆Ａは関わる人が多いので、１つでも疎かにすると、微妙な認識のずれが生まれてしまい、大きなトラブルに発展しかねない。そのため、この手順は順守したい。

4 chapter3 M&Aの「よくある10の疑問」

ここまで、M&Aの手順や進め方などを解説してきたが、ここでは、M&Aについてよくある疑問とその解答について、1問1答で掲載する。誤解を解消し、M&Aの実情をより深く知ってもらう機会としたい。

Q1 M&Aで買収された会社は消滅するのか

M&Aが成約した中堅・中小企業の大半は、会社がそのまま存続し、株主（オーナー）が変わるだけだ。そのため、社名は変更せず、社員が移籍することもない。周囲から見るとM&Aをしたかどうかが分からないため、影響はとても少ない方法ともいえる。あくまで、会社のこれまでの歴史や大切にしてきたことを引き継いでいくというものになる。

Q2 M&Aは先行きが不安で立ち行かなくなった企業がやるものではないか

M&Aの大半のケースで、黒字の企業が譲渡をしている。現在のM&Aは「企業再生」というよりは「事業の存続と発展の手段」という意味合いが強く、黒字企業が「事業が順調なうちに行く末のめどを付けておこう」と考えての相談が多い。もちろん、再生型のM&Aもある。

Q3　M&Aをすると社長は必ず引退しなければならないのか

そうとは限らない。最近では「成長戦略型のＭ＆Ａ」もある。比較的若い経営者に多い相談で、株は譲るものの、現社長が譲渡後もそのまま社長を継続するケースだ。社長自身が思い描く理想像に早く確実に近づけるため、大手と手を組んで発展していくＭ＆Ａといえる。

Q4　M&Aは社長の年齢が高くなってから考えるものではないか

最近では30代や40代の経営者からも相談が多くなっている。前述した成長戦略型がその例だ。社長自身の年齢というよりは、時代に合わせて会社のかじ取りをどうすべきかと考える経営者も増えている。それが会社のため、社員のために本当に必要なことであれば年齢は関係ない。年齢が若いから考えなくてもいいというものではない。

Q5　社長（オーナー）個人のメリットとデメリットは何か

メリットとしてよく言われるのが、〝連帯保証からの解放〟と〝創業者利潤の享受〟だ。年齢と連帯保証の額を見比べて、「これはいつ返済できるのか……」と考えたことのあるオーナーは多いだろう。そこから解放され、非常に身軽になったといわれるケースは多い。

それ以外には、会社の状況にもよるが、「社長1人が背負っていた負担（営業・管理・採用その他の数多くの業務）を減らすことができた」という意見もよく聞く。逆にデメリットは、これまで全てのこと（経費の使い方などを含めて）を自分の判断で行えたが、Ｍ＆Ａ後は誰かと一緒に相談しながら進めていかなければならなくなったという点だ。

Q6 M&A後、すぐに取引先を切ったりしてしまうのではないか

譲渡企業のオーナーの本意ではないことは通常起こり得ない。提案段階で譲渡側の意見や条件を伝えて、それを前提として手を挙げる候補先を募っていくためだ。仮に本意でないことが起こっているとすれば、提案・交渉時にその点がしっかりと確認されていないということだろう。

Q7 M&A仲介会社に相手探しを依頼すると、情報がばらまかれてしまうのではないか

譲受側への候補先の提案は、譲渡側のオーナーから許可の取れた先に行うのが一般的だ。また、詳細な資料は秘密保持契約書を交わした相手のみに提示し、その企業でもしかるべき役員層以外には閲覧が不可能だ。原則として社員の目に触れることはないため、情報が広がることも考えづらい。

Q8 不動産や経費など、オーナー個人と会社のものが混在している場合はどうしたらいいか

基本的にはM&A後にどちらが所有すべきかを整理し、譲渡日までに全て分けておくことが大半だ。この点も事前に動く必要はなく、しかるべきタイミングで適切に対応していくため、コンサルタントと相談して決めていくのがよい。

Q9　毎年、税理士に株価を計算してもらっているが、M&Aの株価は違うのか

全くの別物。顧問税理士が評価するのは相続税を意識した評価であり、Ｍ＆Ａとは別の計算になる。詳しくは企業評価のパート（次ページ）を参照してほしいが、ノウハウと実績を基に、過去のデータを用いてしっかりとＭ＆Ａでの株価を計算してもらうべきだろう。

Q10　一度進めたら、もう引き返せないのではないか

中小企業の場合は、株主であるオーナーが最終契約書へ押印するまでは、いつでも引き返すことが可能だ。最後までしっかり吟味した上で決断してほしい。

コラム

chapter3

企業評価の3つの手法

M&Aの企業評価では、大きく分けて次の3つの手法が一般的だ。

①コストアプローチ法（企業の純資産価値に着目）
②マーケットアプローチ法（株式市場における株価に着目）
③インカムアプローチ法（企業の収益力に着目）

ここでは簡単にこれらの手法を解説したい。

①コストアプローチ法

▼簿価純資産価額法

帳簿上の資産から負債を差し引いて、株主持ち分を計算する方法。極めて容易な計算方法だが、一般的に取得原価主義に基づいて帳簿上に記載されている資産・負債の額は、現時点の価値を表示しているとは言いがたい。そのため、株式売買取引目的で株式価値を計算する局面で直接利用されることは少なく、重要性の小さな子会社株式の計算などで利用されている。

▼時価純資産価額法

企業の資産・負債を時価評価して、差額の時価純資産価額を株主持ち分として計算する方法。簿価純資産価額法よりも真の経済的実態を表しているといえるが、計算には一定の作業が必要になる。また、将来の企業価値を加味した手法とはいえない。

▼時価純資産＋営業権法

時価純資産に、会社の超過収益力である営業権を考慮する方法。単なる清算価値あるいは再調達価値だけではなく、将来の企業価値を加味した継続企業価値を表す。

現実の財務状態と経営成績をバランス良く反映させることができる方法だ。中堅・中小企業のＭ＆Ａにおける株式価値計算では、この方法が最も多く採用されている。

②マーケットアプローチ法

▼市場価額法

株式市場における株価を基に株式価値を計算する方法。上場している会社や株式の取引が活発に行われている会社の少数持ち分株式の売買を目的とした場合に適用できる。

ただし、中堅・中小企業のＭ＆Ａでは、基本的に対象会社は上場しておらず、また直近に独立第三者間の取引事例もないため、ほぼ採用できない。

▼類似業種比準法

国税庁が業種ごとに公表する1株当たりの配当金額・利益金額・純資産価額と、それに対応する株価をベンチマークとし、対象会社の1株当たりの配当金額・利益金額・純資産価額から、株式価値を計算する方法。相続税・贈与税の計算に利用されるケースが多い。

相続税の評価通達に定められた未上場株式の計算方法であり、相続対策や同族間での株式の移動を検討する際に適した計算方法だが、将来見込みなどを考慮するものではないため、独立した第三者間の取引価格を計算する際に利用することは適当ではない。

▼類似会社比準法

基本的な発想は類似業種比準法と同様で、対象会社と規模・業種が類似する会社を数社選定し、株価・利益・純資産などをベンチマークすることにより、株式価値を計算する方法。採用する場合には、対象会社と規模・業種が類似する会社を複数選定できることが求められる。

③インカムアプローチ法

▼収益還元法

企業の予想利益を資本還元率で除して株式価値を計算する方法。株価計算のためには、信頼性の高い利益あるいはキャッシュフローの計画値が必要となる。そのため、詳細な事業計画がなければ採用が難しい。一般的な中堅・中小企業では詳細な事業計画が作られていないことが多く、基本的に採用できない手法だ。

▼ＤＣＦ（ディスカウントキャッシュフロー）法

企業が将来獲得すると期待されるキャッシュフローを、現在価値に還元した合計額を基礎に株式価値を計算する方法。例えば、現状では利益が出ておらず純資産も少ない研究開発型ベンチャーは、ほかの計算方法によると株式価値がゼロあるいは少額となってしまう。

このような場合、事業計画を基にリスク要素を相応に反映させることにより、ＤＣＦ法による試算を検討することがある。なお、この方法を採用するためには少なくとも３～５年の一定の信頼できる事業計画が必要となるため、事業計画の精度から考えると、一般的な中堅・中小企業では利用しづらい方法といえる。

▼配当還元法

企業からの配当金額を資本還元率で除して株式価値を計算する方法。収益還元法が企業の収益獲得能力に着目しているのに対し、配当還元法は企業の配当金額に着目して、その投資効率の面から株式価値を計算する。従って、事業のシナジーを求める通常のM&Aにおいて採用されるケースはほとんどない。

第4章

建設業界M&A成約事例10選

建設業界のプレイヤーが関わったM&Aについて、実際に成約に至った10の事例を紹介する。なぜ譲渡、譲受したのか、M&Aの経緯とオーナーの思いに迫る

M&A統合形態の3つのタイプ

企業が抱える経営課題は様々なように、その課題を解決するＭ＆Ａも事例ごとにストーリーが存在する。この章では譲渡オーナーがＭ＆Ａを検討した背景や、Ｍ＆Ａを進める上でのオーナーの心情、譲り受け企業のＭ＆Ａ戦略などを紹介する。その前に、建設Ｍ＆Ａの主なタイプを解説したい。Ｍ＆Ａの統合形態は、水平統合と垂直統合、そしてその他の３タイプに分けられる。

１つ目が、異なる地域だが同じ業種同士でＭ＆Ａを行う水平統合（水平型Ｍ＆Ａ）だ。一般的なメリットは営業エリアの拡大や既存事業の強化、市場シェアを高めスケールメリットを生かせることだ。また自社にはない技術などを獲得できるメリットもある。特に建設では、販路拡大を目的とした自社が保有していない入札資格の獲得や、有資格者などの人材確保が挙げられる。

２つ目は、戸建て建築と電気工事のような、取引段階の異なる企業同士でＭ＆Ａを行う垂直統合（垂直型Ｍ＆Ａ）だ。サプライチェーンの川上・川下工程を拡大していくことで、内製化によって仕入れや外注費などのコスト削減につながる。また、近年はあらゆる工事を一括して請け負える体制を整える企業グループが増えている。

そして最後は水平・垂直のいずれにも該当しない、ファンドなどその他だ。非上場会社に対して経営の独立性を維持しつつ、人材・資本面から経営を支援するＰＥファンドが注目されている。

◉ M&Aの様々な統合形態

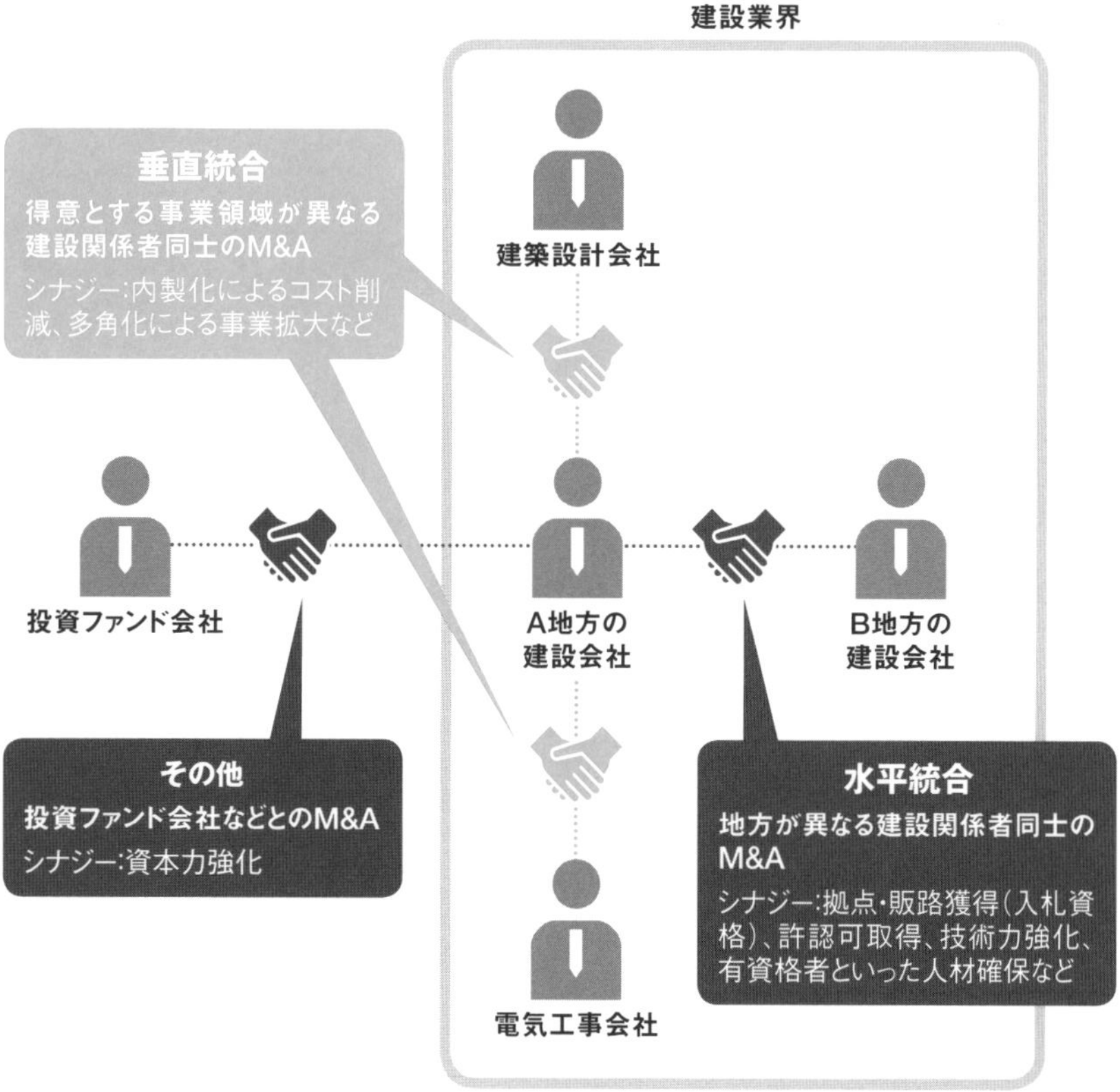

(出所:日本M&Aセンター)

わずか数年で6社と組みホールディングス化へ

独自の経営統合プロセスで帰属意識を高める

譲受企業：イシイ設備工業（グループ売上高約50億円）
譲渡企業：東海管工など6社（売上高約1億～6億円）

空調・給排水設備を得意とするイシイ設備工業（群馬県高崎市）は２０２０年12月、空調設備の設計・施工請負に強い東海管工（東京・品川）、東武工業（千葉県船橋市）と続けざまに株式譲渡契約を締結した。２０１７年９月に初めてＭ＆Ａを手掛けて以来、グループ化した会社は６社となる。２０２１年５月には、イシイ設備工業とＭ＆Ａを締結した６社とで持ち株会社のイシイホールディングス（東京・港）を設立した。

同社の石井幹男代表取締役会長は自身の性格を「思い立ったらすぐ動くたち」と表す。数年で精力的にＭ＆Ａを進め、急成長を遂げてきた。

石井会長は自社のＭ＆Ａの取り組みを振り返りながら次のように話す。「Ｍ＆Ａによる譲渡企業は『買われる側』『売る側』というイメージがあり、乗っ取りではないけれどそういう風に受け取られることが多かった。しかし、今は事業承継や成長戦略のためにＭ＆Ａを積極的に考える会社が増えてきた」

イシイ設備工業のグループ会社(出所:イシイ設備工業)

イシイ設備工業本社の外観の写真(写真:イシイ設備工業)

石井会長が考えるいい会社の定義は、大きく3つに分かれる。１つ目は社歴が長いことだ。「地域密着しながら継続していることを意味するからだ」（石井会長）。それから２つ目は勤続年数が長い社員が複数人いる企業であること。最後の３つ目は公共事業の比率が高いことだ。同社がＭ＆Ａで譲り受けた企業のほとんどは、この定義に当てはまっているという。

同業もしくは近い業種の会社を次々に譲り受け

群馬県高崎市を拠点として、公共事業を中心に売り上げを伸ばしてきたイシイ設備工業の創業は１９８９年だ。群馬県の経営審査事項でＡランクに該当する地元の管工事分野では大手企業だ。２０００年代に入って売上高は7億円前後で推移していた。

地方での人口減少による市場縮小を見据えて、営業圏拡大のために２０１２年に東京に進出。新橋に支店を構え、東京都や国の入札に参加する体制を整えた。東京オリンピックの日本開催が決まり建設需要に弾みがつくタイミングが重なり、受注量を増大。売上高の2倍増に成功した。

その後、同業他社の買収に積極的に取り組んでいる。石井会長は「地方の零細企業が生き残る手段の1つがＭ＆Ａで成長することだ」と話す。同社が２０１７年に初めて手掛けたＭ＆Ａのパートナーは、イシイ設備工業と近い工種の電気設備を得意とする川北電気（静岡県掛川市）だ。続いて２０１８年2月に同じく電気設備や管を得意とするテクノ三和（栃木県那須塩原市）、同年8月には水道工事に強いブラスコ（神奈川県海老名市）、そして翌２０１９年7月には同業のさくら（埼玉県上尾市）を続けてグループ化した。そして２０２０年に東海管工、東武工業を譲り受けた。イシイ設備工業と売上高が同規模の企業をターゲットに据えると、統合後にあつれきが生じる恐れがあるため、目安として５億円前後の規模の企業と組むことを心掛けてきた。

　グループ会社の構成は、電気設備が１社、電気設備と管を手掛けるのが１社、管工事が１社で、後はほぼ同業者だ。「同業または近い業種にこだわった。一括での受注に効率がよいためだ」と石井会長は明かす。２０２２年９月時点で、グループ全体では売上高50億円にまで膨れ上がった。イシイ設備工業単体では売上高20億円程度だ。

　Ｍ＆Ａ後は民間事業にも力を入れ始めている。「都内で民間の顧客を持つグループ会社がある。そこに営業をかけて、見積もりの引き合いが出てきた」（石井会長）

ＰＭＩで独自路線を展開

　Ｍ＆Ａは適切なパートナーを探して成約に至るまでの対応も大切だが、それと同じくらい、成約後のＰＭＩ（経営統合プロセス）も重要だ。ＰＭＩとは新経営体制の構築・経営ビジョン実現のための計画作成、両社協業のための体制構築、業務オペレーションやＩＴシステムの統合といった一連の取り組みのことを指す。Ｍ＆Ａの成果を最大化させるために重要なプロセスだ。

　ＰＭＩについては世の中に色々な実務書・参考書があふれているが、イシイ設備工業は通常のＰＭＩと比べて長い時間をかけて統合するといった独自の路線を展開している。「Ｍ＆Ａの失敗で多いのが、自分たちのやり方を無理やり押しつけて、各社が反発するケースだ。いずれは統一性にこだわった方がいいに決まっているが、まずは相手のことを重んじて臨機応変に対応することが重要だ」と石井会長は持論を展開する。

その際、譲渡側の不安をくみ取って、譲受側の考えを伝えることが重要だ。「グループ各社が稼いだお金を搾取するつもりはない。絶対にお互いが良くなるんだというメッセージが欠かせない」（石井会長）

それでも最初は試行錯誤だった。譲渡企業と譲受企業のトップ同士がまずつながって、上から下にやり方を共有してもらっていた。しかしあるときを境に、その方法が変わった。現場をグループ内で請け負って完成させたときに、若い人が交流して仲良くなっていたことがあったのだ。そこで石井会長は月２回、各グループから社員を集めて研修やミーティングを実施するように改めた。「現場で働く第1線の人が交流を持つのが、会社の統合には1番早い」（石井会長）

加えて、東京・新橋を拠点としたホールディングス内に、セミナールームを設け、資格取得のセミナーなどを開催している。「グループごとで見ると若い人は少ない。しかし全てのグループから集めれば、それなりの数になる。セミナーを開催することで、競争心を持つようになるし、若い人にとって刺激となる。帰属意識を高めることにもつながる」と石井会長は言う。

石井会長は今後、組織作りに注力する。ホールディングスに、経理や購買、財務などの部門を集約することを視野に入れる。Ｍ＆Ａが不満で辞めた社員は今のところ１人もいないという。これからもＭ＆Ａを視野に入れて、２０２５年をめどに売上高１００億円の規模を目指す。

東京・新橋にあるセミナールームでグループ内セミナーや交流会を実施している（写真:イシイ設備工業）

経営課題の解決にトップから一歩控えて会社を譲渡

社員が5人に満たない企業でも技術力が評価され成約に

譲受企業：高翔（グループ売上高約50億円）
譲渡企業：サンオリエント（売上高約4億円）

譲渡企業側のサンオリエント（岡山市）は、こだわりのあるＲＣ（鉄筋コンクリート）造の注文住宅の建築設計・施工を手掛ける。売上高4億円程度の企業だ。創業者の磯崎慎一氏は18歳から建設業界に関わってきた。高校を卒業後、バブル真っただ中である１９８７年に、地元の総合建設会社に入社した。人一倍負けん気が強い磯崎氏は、60人近くの同期の中でもトップクラスの成績を残そうと努力してきた。しかし当時は年功序列の色合いが強く、大学卒の同期の待遇にはかなわなかったという。そこで、磯崎氏は一念発起して会社を創業しようと決断した。

猛勉強の末、一級建築士や一級建築施工管理技士を取得したが、営業経験がなかったことから、自分の知らない世界に飛び込んでみようと、青年海外協力隊に申し込み、ミクロネシアやブータンで、スタジアムの設計・施工管理など大きなプロジェクトの経験を積んだ。海外経験の後に、岡山県内の他の建設会社で1年程度修行したうえで、２００３年の33歳の時にサンオリエントを創業した。

譲渡企業

項目	概要
企業名	サンオリエント
設立	2003年6月
所在地	岡山市
代表者	磯崎 慎一（1969年生） （譲渡年齢:53歳）・創業者
事業内容	RC造の注文住宅設計・施工
売上高	約4億円（2021年9月期）
主要得意先	一般顧客、工務店など
従業員	約4人（実習生含む）

譲受企業

項目	概要
企業名	高翔
設立	1989年8月
所在地	兵庫県芦屋市
代表者	中間 秀一
事業内容	不動産売買、建築工事業
売上高	約50億円（2021年6月期）
主要得意先	一般個人など
従業員	約20人

創業時は磯崎氏の持ち前の気力・体力を発揮し、もともと携わっていた建設事業を展開した。企業は右肩上がりで成長を続け、売上高は4億円程度まで伸びた。しかし、２００８年のリーマンショックで、大きな打撃を受ける。それまでは法人向けの案件がほとんどだったが、新設工事の案件がほとんどなくなるほどのインパクトがあり、磯崎氏は次なる事業を模索していた。

そのなかで見いだしたのが、現在の主力事業である一般個人向けのＲＣ造の注文住宅だった。これまで法人向けの案件で培ってきた高い技術力などによって、事業の転換が功を奏し、地元では評判の高い企業となっていた。

「自分がトップから一歩控える」とひらめく

一方で、磯崎氏は20年余り経営者として活躍する中で、大きく２つの課題を感じていた。

①経営基盤の強化

１つ目が経営基盤だ。33歳で起業してからというもの、自分に降りかかるリスクなど全く想定せずに、がむしゃらに事業拡大に注力してきた。しかし顧客数や従業員数が次第に増え、さらに自身の同僚かつ右腕と考えていた人が急遽、がんになってしまった経験から、自分に何があっても会社の業務を続けていく持続可能な体制を構築しなければならないと考えるようになった。病気だけでなく、突発的な事故などに遭ってしまうリスクに備えるという、「経営者の責任」にきちんと向き合い出したのだ。加えて、技術畑を歩んできた自分の経験を振り返り、多くの人々に自社のＲＣ造を広めるためには、営業気質の経営者が必要であるとも感じていた。

②事業規模の拡大

２つ目の課題は、事業規模だ。創業後、着実に成長してきたサンオリエントだったが、高い成長率を維持することは難しく、近年は売上高が微増にとどまっていた。人材不足も深刻で、何か新しいスキームを採用しなければ、売上高が頭打ちになるのではないかと危機感を抱いていた。

これらの課題を速やかに、また同時に解決していくことができないかと、磯崎氏は試行錯誤を重ねていた。その中で思いついた手法が、Ｍ＆Ａであった。それまでは、自分自身がトップとして課題の解決に取り組まなければならないと思い込んでいたが、ふと「自分がトップから一歩控える形だとどうなるのか」とひらめき、Ｍ＆Ａによって課題解決できるだろうと確信した。

サンオリエントが取り組んでいるＲＣ造の注文住宅をもっと広く知ってもらい、住宅業界の活性化を図るという、事業への思いを重視した結果だった。ＲＣ造を住宅取得の選択肢の１つとして検討してもらうために自社は存在しており、会社は磯崎氏の所有物ではなく、広く社会へ貢献するための「公器」でなければならないと考えるようになった。

そのような考えがまとまった矢先に、日本Ｍ＆Ａセンターとの面談に至り、具体的な相手を探すこととなった。いくつかの候補先が出る中で、高翔（兵庫県芦屋市）と出会った。

同社は１９８９年に創業し、建築工事や不動産売買を手掛ける企業だ。積極的に事業を拡大し、

２０２１年時点で売上高50億円程度まで急成長していた。事業のさらなる拡大を図るために、Ｍ＆Ａを検討しており、日本Ｍ＆Ａセンターより、サンオリエントの情報を提供された。

高翔の中間秀一社長は、概要資料を一目見た瞬間に、「良い会社なのに、もったいない。自分が関与すればサンオリエントのポテンシャルを最大化させ、より大きな会社に拡大できるはず」と感じた。従業員が５人に満たないなかで、10階建てのＲＣ造を建築してしまうほどの技術力に高いポテンシャルを感じた。

岡山県の地域性にもともと関心を寄せていたことも、中間社長を後押しした。岡山県はＪＲ在来線と新幹線の両方とも停車する駅であるにもかかわらず、駅前には木造や平屋のビルが建っており、駅前開発の可能性を感じていた。中間社長はすぐにサンオリエントとのトップ面談を申し込んだ。

両社の求める価値観が合致

２０２１年12月に実施された初めてのトップ面談の印象を、両者は次のように振り返っている。

▼磯崎氏（サンオリエント）→中間氏（高翔）

「中間社長はまさにプロ経営者、プロの営業者であり、理想的な相手だった。自社に足りていない営業要素をもたらしてくれるのではないかと感じた。高翔は兵庫県芦屋市の住宅街に本社が

サンオリエントが手掛けたRC造住宅の外観（写真:サンオリエント）

サンオリエントが手掛けた10階建てのRC造の外観写真（写真:サンオリエント）

あり、高いマーケティング力と高価格帯住宅の販売ノウハウを有していると感じた。自社の課題である「経営基盤の強化」「事業規模の拡大」を、実現できると直感した。

▼中間氏（高翔）→磯崎氏（サンオリエント）

磯崎社長は技術力に定評があり、付加価値の高いポテンシャルがあるにもかかわらず、ビジネスとしてまだ拡大途上であり、もっと大きくできると確信した。５年間で売上高を5倍近くまで伸ばせるのではないかと考えた。

磯崎氏は、まさに自身が求めていた「プロ経営者かつプロ営業者」であると確信し、一方で中間氏は求めていた「高い技術を持つ経営者」で思惑が一致した。すぐに意気投合した両者は、トップ面談後に基本合意に至り、企業調査を経て、２０２２年２月に正式にＭ＆Ａが成立した。初めてトップ面談を行なった２０２１年12月から実に２カ月程度でのスピード成約となった。

Ｍ＆Ａ実施後の体制

Ｍ＆Ａを実施後、磯崎氏は取締役社長として引き続きサンオリエントの経営者を務めている。従業員も継続雇用しており、サンオリエントの拡大に向けて鋭意取り組んでいる。また高翔としては、サンオリエントの展開していたＲＣ造住宅を、高翔の事業エリアである芦屋市で展開していこうと考えている。また高翔の建て売り住宅を、サンオリエントの事業エリアである岡山市での展開も目指している。まさに相乗効果を発揮していく段階だ。

従業員同士の交流もすぐに始まり、両社の持つ技術力や営業力を学び合うことで、これまでにはなかった新しい刺激を取り込むことができている。

高翔の中間社長のＭ＆Ａに対する考え方は以下の通りだ。

①買い手は熱量を最も重視する

譲渡企業は一生に一度の機会であることがほとんどである。譲受企業はそうした気持ちに応えるために、熱量をもって譲渡企業とどのようにしたら最良のＭ＆Ａとなるかを考えていくべきだ。

②譲渡企業の従業員や家族も背負う

③Ｍ＆Ａ後の振れ幅も許容する

Ｍ＆Ａ成立前には、秘密保持の観点から直接従業員と面談できるケースはほとんどないため、従業員の能力を正確に把握することは難しい。退職の可能性ももちろんあるが、そうしたリスクも一定は許容する必要がある。また自身が大きなビジョンや安心感のある組織作りを行うことで、そうしたリスクを低減させていくべきだと考えている。

主要取引先の重複がなく相互の商圏拡大を実現

親会社・子会社の関係性ではなく、横のつながりを持つ兄弟会社に

譲受企業：真和建設（グループ売上高約60億円）
譲渡企業：柳井工務店（売上高約5億円）

譲受企業の真和建設（東京・千代田）は創業者の明本真吾社長が２００２年７月に、設立した。創業当初の従業員数は社長を含め３人で、とび、土工の専門工事会社として産声を上げた。営業努力により大手建設会社の一次下請けとしての取引コードを獲得した後も、それにあぐらをかかず、取引先に対する施工計画の支援やＣＡＤデータ納品など他社にはない独自の取り組みを打ち出し、売上高を拡大していった。その結果、創業20年で従業員約１００人、グループ売上高は約60億円に上る企業にまで成長を遂げた。

明本社長は２０２３年１月時点で44歳。「職人の高齢化が深刻な建設業の世界のなかでも若い職人を理解する社風ゆえに、多くの若手社員を集めることができている」と話すように、従業員の平均年齢は37歳と活気に満ちた組織の構築に成功している。

職人の採用には力を入れており、特に中小の建設会社では珍しい新卒社員を近年は年間10人ほど継続採用している。若手が集まる企業を目指して明本社長が参考にしているのが、同じく新卒

譲渡企業

項目	概要
企業名	柳井工務店
設立	1972年2月
所在地	神奈川県横須賀市
代表者	柳井 修(1959年生) (譲渡年齢:62歳)・2代目
事業内容	とび工事、改修・解体工事、建築工事
売上高	約5.2億円(2022年1月期)
主要得意先	建設会社など
従業員	約10人

譲受企業

項目	概要
企業名	真和建設
設立	2002年7月
所在地	東京都千代田区
代表者	明本 真吾
事業内容	とび・土工工事、解体工事、 建築工事、土木工事
売上高	約26億円(2022年3月期)
主要得意先	建設会社など
従業員	約100人

採用に力を入れている「タクシー業界」の取り組みだ。上下関係があまりなく、理不尽な指示を受けることも少なく、ワーク・ライフ・バランス（ＷＬＢ）があり、初任給でもそれなりに稼げる――。これらタクシー業界の働き方の特徴が職人の世界と似ていると感じた明本社長は、自社に対しても同様の魅力を感じてもらえるよう人事制度を改革。２０２４年より建設業界においても施行されることとなった時間外労働の上限規制についても、既に対応済みだ。２０２０年より週休２日制を導入しており、休日出勤にも割増賃金を支払う体制を整えている。

最大のポイントは主要取引先が重複していないこと

そんな真和建設が２０２１年にＭ＆Ａ契約を締結したのが、１９７２年創業の柳井工務店（神奈川県横須賀市）だ。同社は主に神奈川県を商圏にとびなどの建設業を手掛けている。売上高は約5億円だ。社員数は約10人の少数精鋭で、民間工事の受注がほぼ１００％だった。

同社は決して経営的に厳しい状況ではなかったものの、社内に跡継ぎがいないことを憂う先代の柳井修元代表取締役が、後継者探しに乗り出したのがＭ＆Ａのきっかけだった。

一方、真和建設には関東での商圏をさらに拡大していこうという思惑があった。同社の営業エリアは関東域。特に東京、埼玉、千葉、栃木を得意エリアとしていた。柳井工務店の主な商圏である神奈川は自社の機動力が弱く、これまで仕事を断るケースが多々あった。神奈川での営業力強化に加え、両社の取引先となる建設会社のかぶりがなかったことが、真和建設にとって本件Ｍ

＆Ａの大きな決め手となった。

Ｍ＆Ａ成約後は柳井元代表取締役が会長に就任すると同時に、真和建設の顧問にも就任。両社にとって相乗効果の高い営業ができる仕組みを整えた。「Ｍ＆Ａで上下関係になるというよりも横のつながりを持つ兄弟関係になった」と明本社長は明かす。両社とも請負元となる建設会社の受注状況によって仕事量が変動し、繁忙期と閑散期が明確に分かれていた。Ｍ＆Ａによって、手持ち工事が薄い会社が、忙しい会社を支援できる体制が取れるようになり、お互いの機動力が上がり、仕事の平準化が実現された。

押しつけがましいことはしない

柳井工務店の社長には、同社で現場を取り仕切っていた小林清元専務に就いてもらった。「営業よりも現場が自身の得意分野」と話していた小林社長のために、真和建設から営業担当の本部長を出向させて、社長の補佐を担わせた。その結果、新社長の体制の下、売り上げを伸ばすことに成功した。

「長年培ってきた企業文化があると思うので、押しつけがましいことはしていない。基本的には余計なことを言わないスタンスを続けている」と、真和建設の明本社長は説明する。その一例として、Ｍ＆Ａの前後で柳井工務店の金融機関を真和建設の取引金融機関に切り替えなかった。柳井工務店がこれまで培ってきた地元での長い付き合いや縁を、明本社長が重視したためだ。

M&A成約時の写真。右が真和建設の明本真吾社長、左が柳井工務店の柳井修会長（写真:日本M&Aセンター）

加えて、柳井工務店の顧問税理士も、地元の長い付き合いのある会計事務所にお願いしている。金融機関も顧問税理士も譲受企業側の取引先に切り替えるケースがあるなかで、変えない選択をした。

他方、真和建設の取り組みのうち、柳井工務店にとってメリットとなる場合は、両社にて協議した上で、水平展開している。

例えば、会社案内を真和建設と同等のスペックに改善したり、同じクラウドのスケジュール管理ソフトウエアを導入したり、月次パトロールを実施したりしている。これまでアナログに対応してきた経理業務をネットバンキングなどにデジタル化したのも、柳井工務店としては大きな業務効率化につながった。

柳井工務店はＭ＆Ａを振り返ってこう説明する。「我々の譲り受けに関心を持った企業は複数いた。その中で最終的にはシナジーが見込まれる真和建設を選んだ。自社の発展のため、自社の従業員の幸せのために、最善な相手を選択できた」

右肩上がりの成長の際に将来見据えたM&A

多角化で国の法制改正に伴う事業リスクを減らす

譲受企業：イズミシステム設計（売上高約23億円）
譲渡企業：鰐設計（売上高約2億円）

Ｍ＆Ａで成長戦略を実現させているのが、ＩＺＵＭＩグループ（東京・新宿）だ。同グループは、省エネや環境認証取得のコンサルティング業を生業にするイズミシステム設計（東京・新宿）を中核企業として、２０２１年11月に設立。翌年1月には、仙台市を拠点に環境・省エネ計算などを得意とする建築設備の設計事務所である鰐設計の全株式を取得した。

イズミシステム設計は１９７３年にイズミ建築設備設計事務所として、小池進氏が前橋市で創業した企業だ。１９８０年代に入り、自社で独自に建築設備の設計用ソフトウエアを開発・販売するなどして業績を徐々に拡大していった。当時、建築設備を手掛ける設計事務所は珍しかったという。

その他、社内に技術計算センターを設置し、大手建設会社などから建築設備の計算を代行する業務を受託する事業も手掛ける。社内にシステムの開発を担えるＩＴ部門を抱えている点は、今でも同社の強みの1つである。分業化が進む業界において、ワンストップで建築物全体の省エネ計算ができる点が評価されていった。

さらに２００７年11月にはＣＡＳＢＥＥ（建築環境総合性能評価システム）、２０１４年には米国の環境性能認証制度である「ＬＥＥＤ（リード）」といった環境認証取得のコンサルティングに乗り出した。

近年では２０２１年４月の改正建築物省エネ法の施行で建築物エネルギー消費性能の適合性判定が義務化されたことから、大手建設会社や設計事務所から省エネ計算に関するコンサルティング業務の引き合いが増えている。今や環境分野での売上高は８割程度を占める。

加えて、２０１１年４月に創業者の息子である小池康仁氏が代表取締役に就任してからは、防災事業にも取り組み始めた。主に避難安全検証や防災計画書の作成のコンサルティングなどだ。自社で開発したソフトウエアを使って、適切な防災設備の提案につなげている。

システム開発では建築・設備業界において導入が進むＢＩＭ（ビルディング・インフォメーション・モデリング）に関連したサービスを提供している。業界初となる、Ｂ-ＬＯＯＰ（ビーループ）という名の設備ＢＩＭクラウドサービスだ。自社で保有する空調設備ソフト、省エネ計算ソフトといったアプリケーションと、米Autodesk（オートデスク）のＢＩＭソフトウエア「Revit（レビット）」とを連動させて、空調や省エネなどの計算結果をＢＩＭモデルにフィードバックできる仕組みだ。

これらの事業展開が功を奏し、毎年、十数パーセントの売上高増を続け、売上高20億円を超える企業にまで成長を遂げている。

◎ 省エネ計算が約6割

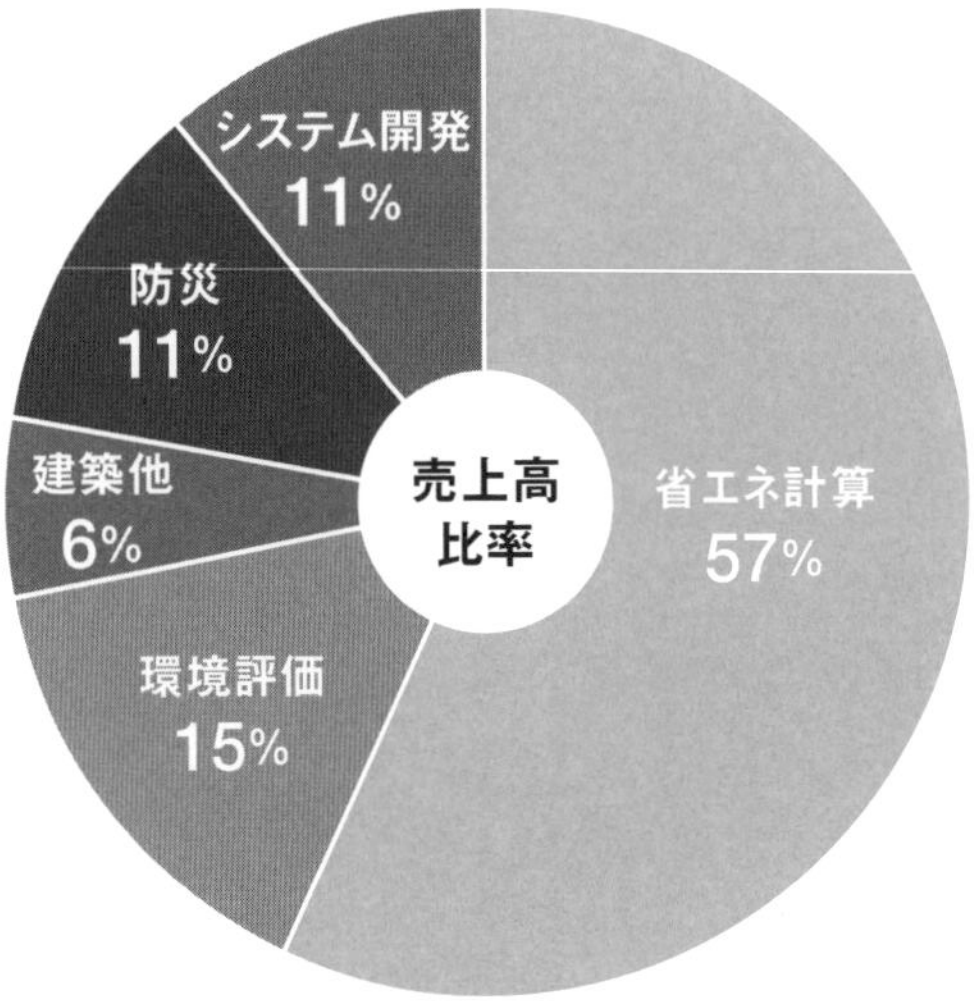

事業売上高の比率（出所:イズミシステム設計）

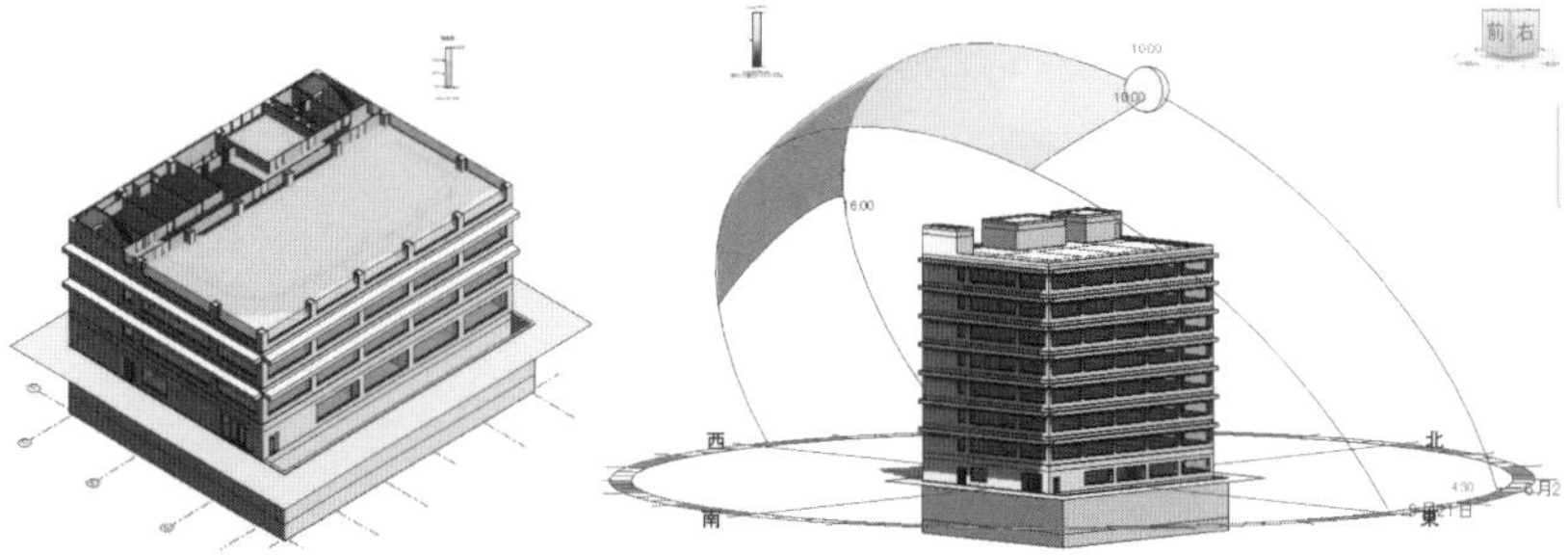

BIMによる解析画面（出所:イズミシステム設計）

法律に左右されない仕事の必要性に着目

そんなイズミシステム設計がＭ＆Ａを視野に入れ始めたのは今から5年ほど前だ。売り上げは右肩上がりで伸びており、営業利益も15%程度と申し分ない業績だった。しかし、「もともと当社は、国の環境系の法律強化などに伴い事業を拡大していった企業だ。それは裏返すと、法律によって事業が縮小するリスクもあるということ。多角化することで、法律に左右されない仕事などが必要だと考えた」と小池代表は振り返る。

そこで日本Ｍ＆Ａセンターが譲渡企業として提案したのが、鰐設計だ。イズミシステム設計は鰐設計が本社を置く仙台市に営業支店を置いていたが、１９８１年から地元で成長を遂げてきた鰐設計の牙城は崩せず、同市での事業をなかなか拡大できなかった。

一方の鰐設計は当時、事業を拡大したい意向があった。名古屋事務所を２０１９年に立ち上げたのだが、新型コロナウイルスの感染拡大とタイミングが重なり、撤退。イズミシステム設計と一緒になった方が事業を拡大できるのではないかという思惑から、とんとん拍子でＭ＆Ａの話が進んだ。初めの接触からわずか6カ月のスピード成約だ。鰐設計の創業者である笹原善司郎代表取締役会長はＩＺＵＭＩグループの傘下になった後も、顧問として名誉会長で残っている。新しく代表取締役に就任したのは、鰐設計生え抜きの八乙女浩氏だ。

鰐設計の２０２０年8月期の売上高は2億円程度で、民間設計事務所や大手建設会社などからの引き合いがあり、売上高比率では７割が建築設備の設計・監理事業で、３割が省エネルギー計

仙台市内にある鰐設計の新事務所のオフィス風景。元々の事務所が手狭だったためにM&Aの後、移転した
（写真:鰐設計）

算支援事業だ。

「省エネ計算の外注事務所としてはトップクラス。イズミシステム設計が建築設備の設計部を2004年に休部して、近年手掛けていなかったこともあり、鍔設計と一緒になることで、建築設備の設計を再開できることも大きなメリットとなった」（イズミシステム設計の小池代表）

鍔設計とのシナジーも見えてきた。同社が省エネ計算をするうえで、イズミシステム設計が開発した計算システムを提供。仕事の効率化が進んでいる。イズミシステム設計が独自開発したBIMシステムを鍔設計の設備設計担当部署に見てもらい、課題点を抽出しフィードバックすることも実現している。「M&Aによって鍔設計は3割ほど売上高が伸びた。設備設計をこなす会社が少ないため、当社の顧客から『鍔設計を紹介してほしい』という声も増えている」と小池代表は話す。

橋梁の鋼材製造・加工から施工までをグループで内製化

提携を結んだ企業の利益改善や平均年齢の若返りに成功

買収企業：ＴＡＫＵＭＩＮＯホールディングス（グループ売上高約１５０億円）
譲渡企業：坂口工業・千葉防錆（売上高約7億円）・香取ベンダーテクニカル（売上高約10億円）

ＴＡＫＵＭＩＮＯホールディングス（東京・千代田）は、インフラの建設・維持・修繕工事一式を手掛ける売上高約１５０億円の企業グループだ。１８８９年３月に小野工業所（福島市）として創業し、これまでＭ＆Ａにて10社との資本提携を実現し、グループとして事業成長を果たしてきた。

積極果敢にＭ＆Ａ戦略に取り組んできたのは、「持続可能な社会基盤をつくる」という企業理念を実現するためだ。高齢化や働き手不足、後継者不足、多重下請け構造などの業界課題がこのまま深刻化すれば、社会インフラの機能に支障をきたし、ひいては人々の暮らしにも影響を及ぼす恐れがある。そのような事態を避けるために、建設事業者の一端としてＴＡＫＵＭＩＮＯホールディングスはＭ＆Ａに取り組んできた。

具体的には、大きく分けて以下の２つの取り組みを進めている。１つ目は後継者不足に直面する建設関連事業者と資本提携を行うことで事業を承継し、資本・経営の担い手として後継者不足

◉ 直近8年で複数社と資本提携

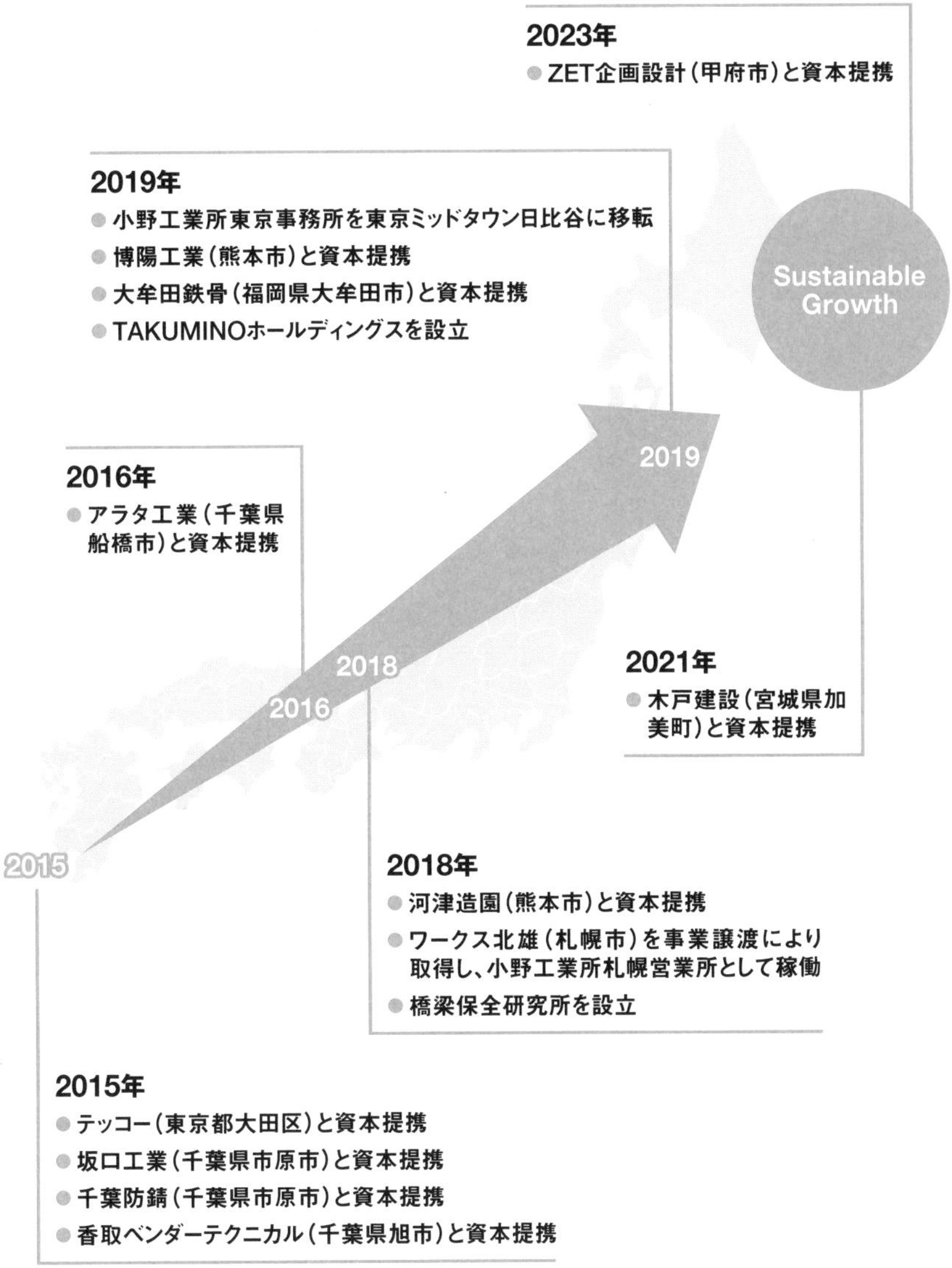

（出所：TAKUMINOホールディングス）

問題の解決を図ること。そして２つ目が建設業界の重層構造の改善にＭ＆Ａを活用し、取引コスト削減によって生産性を向上させることだ。

垂直統合によるグループ内製化

ＴＡＫＵＭＩＮＯホールディングスは、建設業における重要工程のグループ内製化に取り組み、グループ全体での安定した供給力の担保を目指してきた。そのために取ったＭ＆Ａ戦略が、「垂直統合による内製化」だ。

［ケース①］譲渡企業：坂口工業・千葉防錆（売上高約７億円）

２０１５年に資本提携した坂口工業（千葉県市原市）の事例だ。特殊橋梁などをはじめとする特殊鉄骨加工業を得意とする同社は、加工技術の特殊性・希少性から、大手建設会社を中心に安定した受注量を確保していた。また関連会社には、ブラスト処理や防錆（ぼうせい）塗装などを手掛ける千葉防錆（千葉県市原市）を有していた。当時、創業者の坂口照雄社長は83歳で社内には後継者がおらず、Ｍ＆Ａによる株式譲渡を決断した。

ＴＡＫＵＭＩＮＯホールディングスの前身である当時の小野工業所は、橋梁をメインとした工事を手掛けており、橋梁工事における工程の内製化を進めていた。橋梁には防錆技術・鉄鋼加工技術が必須であり、坂口工業や千葉防錆と資本提携することで内製化を実現した。

［ケース②］譲渡企業：香取ベンダーテクニカル（売上高約10億円）

香取ベンダーテクニカル（千葉市）は、耐震補強製品の製造や鉄板曲げ加工業を営む企業だ。新幹線や高速道路などの高架橋支柱耐震補強工事などに使われる鋼材の製造・加工を行っており、非常に高い技術を有していた。創業者である宇井博樹社長は当時52歳であったが、将来的な後継者不在と自社のさらなる発展のために、譲り受け候補先を検討していた。

小野工業所は、これまで橋梁にかかる鋼材の製造・加工を外注していたが、２０１５年に香取ベンダーテクニカルと資本提携を結び、譲渡企業の後継者問題の解決と垂直統合による内製化を実現し、外注コストの削減に成功した。現在は、香取ベンダーテクニカルが製造した鋼桁を、千葉防錆が金属溶射・塗装し、小野工業所が工事全体を管理するといった体制を実現している。

M&A後の取り組み（PMI）

ＴＡＫＵＭＩＮＯホールディングスは、ＰＭＩ（経営統合プロセス）への取り組みにも力を入れている。ＰＭＩによって経営の水準をレベルアップさせ企業を成長させることを目指している。

①労働環境・人事領域の改善

ＰＭＩによって譲り受けた企業の労働環境や人事領域を改善している。具体的には、専属外注や派遣社員の正規雇用、月給制の導入、有給休暇の取得、育児休暇・介護休暇などの拡充、教育制度・研修プログラムの整備、資格取得の推進など、取り組みは様々だ。このような改善が功を奏して、平均年齢の若返りや労働生産性の改善を実現している。

②利益改善

ＰＭＩによって利益改善も実現している。２０１５年に子会社化した4社（テッコー、坂口工業、千葉防錆、香取ベンダーテクニカル）の営業利益の合計を、資本提携からわずか3年で２億円増加させた。資本提携後に、制度会計の内製化や管理会計（個別原価計算）をグループの中核企業である小野工業所の水準にまで強化することで、個社の利益改善を実現したのだ。営業利益に人件費と減価償却費、経営指導料を含めた労働生産性の指標は、Ｍ＆Ａの前後で全て改善。なかでも坂口工業の労働生産性は、５年間で１人当たり、４５０万円上昇した。

ＴＡＫＵＭＩＮＯホールディングスでは、自社のビジョンの実現のために経営戦略としてＭ＆Ａに積極的に取り組んできた。「持続可能な社会基盤をつくる」という経営理念が明確にあるからこそ、その結果として多くのＭ＆Ａを成功させてきた。さらに、資本提携を実現して終わりではなく、ＰＭＩによって譲り受けた企業を成長させ、グループとして発展をしている。結集することから生み出される匠の技や知見によってインフラを建設・維持・修繕していくことで、地域の人々の豊かな暮らしを支え、未来ある日本の発展に貢献している。

◉ M&A後、若手人材採用により最大8.5歳若年齢化

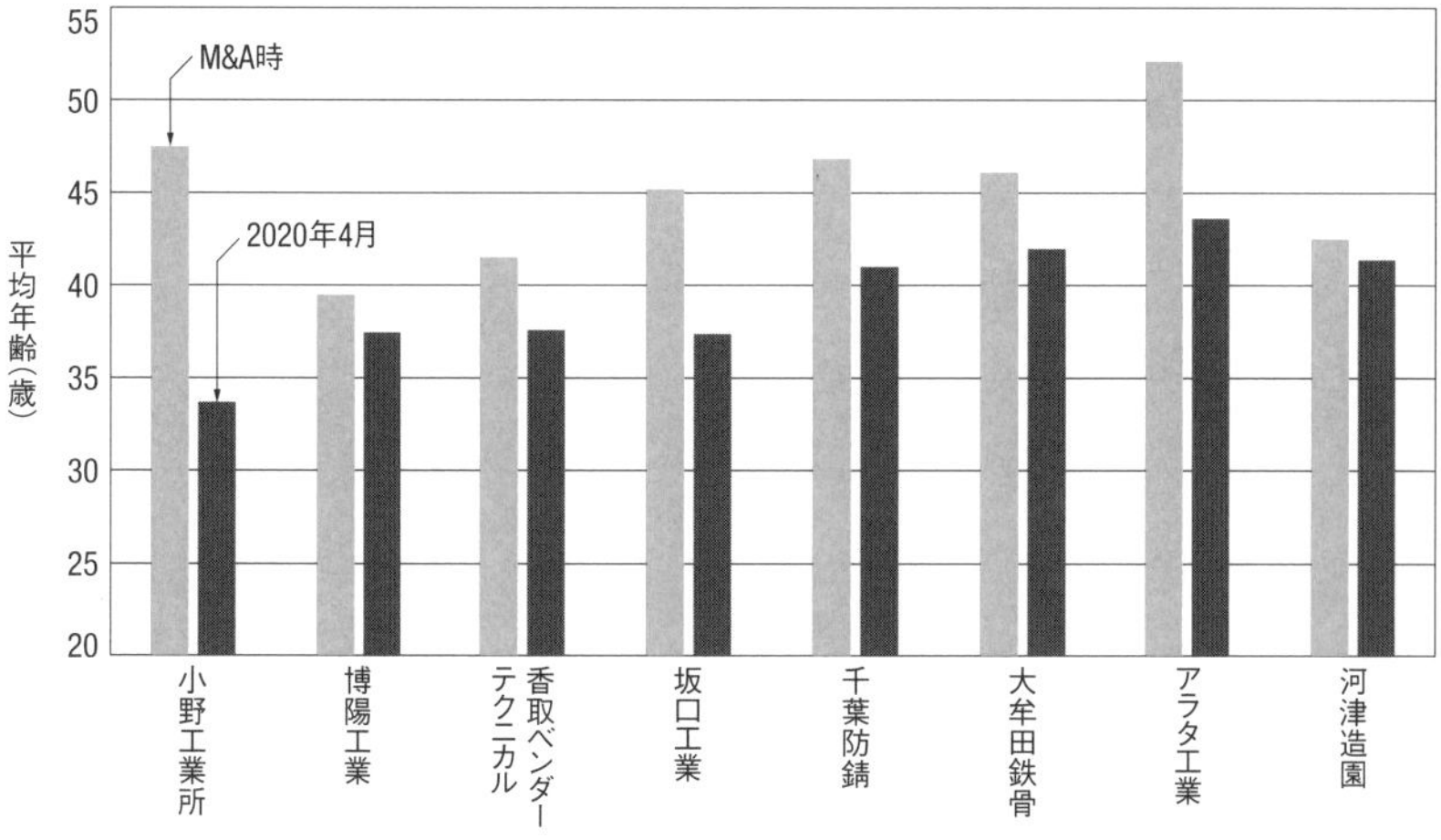

M&A後の各社の平均年齢比較。千葉防錆は2022年7月に坂口工業と合併(出所:TAKUMINOホールディングス)

◉ 労働生産性は1人当たり平均で最大450万円改善

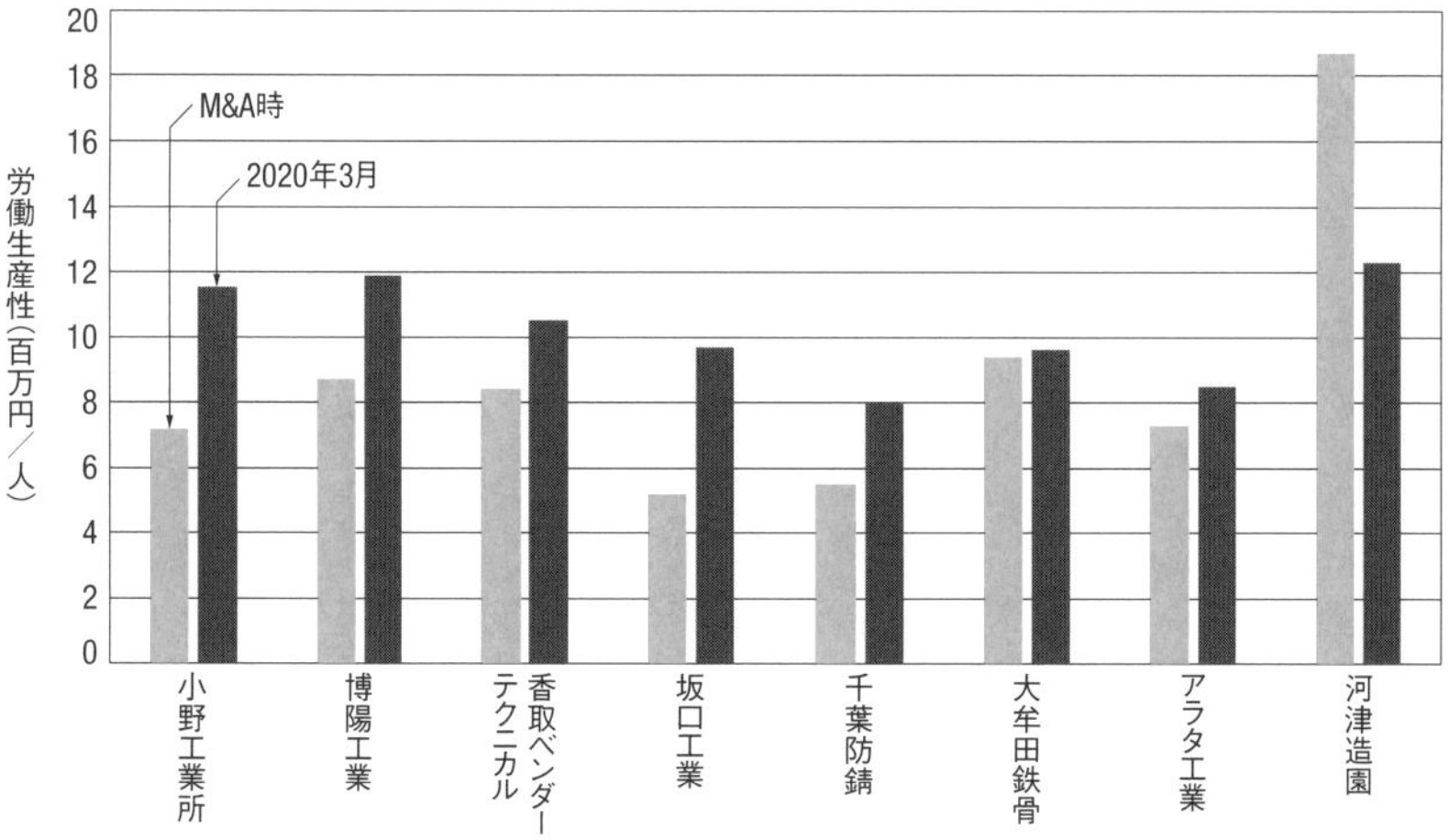

PMIによる労働生産性の改善状況。労働生産性は営業利益と人件費、減価償却費、経営指導料の合算。大牟田鉄骨は本社工場が賃貸なので支払い家賃を加算している。千葉防錆は2022年7月に坂口工業と合併
(出所:TAKUMINOホールディングス)

資金が必要で従業員承継かなわず60歳の節目で決断

譲受企業は技術の内製化で時間をかけずに受注機会の拡大へ

譲受企業：坂海工業所（売上高約７億５０００万円）
譲渡企業：吹田鉄工（売上高約２億５０００万円）

譲渡企業の吹田鉄工（兵庫県赤穂市）は、プラント向けの製缶板金を展開している会社だ。社長は吹田一平氏。大学卒業後、父親の設立した同社に入り、２代目代表としておよそ20年間経営していた。吹田社長は技術者として、見積もりや顧客の対応、品質管理、検査など実務を兼任してきた。

吹田鉄工は、主に日本触媒や三菱電機といった大手を取引先として、プラント設備に関わる製缶板金を設計から製作まで一貫して対応する。自社で３つの工場を有し、敷地面積は延べ１０００坪を超える。設立60年以上の実績から、クレームや納品遅延のない高い品質を提供しており、大手取引先から絶大なる信頼を得ていた。財務状況も非常に盤石で、金融機関への借り入れがほとんど必要ないほどの優良企業であった。

吹田社長は長男・長女の２人の子宝に恵まれたが、２人とも吹田鉄工とは全く異なる業種に就職していた。「子どもだからという理由で継ぐ必要はない」という考えを持つ吹田社長は、親族

譲渡企業

項目	概要
企業名	吹田鉄工
設立	1962年4月(創業:1930年)
所在地	兵庫県赤穂市
代表者	吹田 一平(1960年生) (譲渡時年齢:60歳)・2代目
事業内容	プラント向け製缶板金
売上高	約2億5000万円(2021年7月期)
主要得意先	日本触媒、三菱電機など
従業員	約10人

譲受企業

項目	概要
企業名	坂海工業所
設立	1956年6月(創業:1948年)
所在地	大津市
代表者	西田 成希
事業内容	プラント配管設計/工事業
売上高	約7億5000万円(2021年12月期)
主要得意先	東レエンジニアリングなど
従業員	約30人

左は第一工場の内観、右は主要製品（写真:吹田鉄工）

以外の事業承継方法を模索。従業員に継がせるという選択肢も検討したが、財務状況が盤石な吹田鉄工を引き継ぐには相応の資金が必要であると分かった。

そこで、事業承継の課題を解決する手法として目を付けたのが、M&Aだった。候補先企業を探し始めたのは、吹田社長が60歳になる節目の年だ。吹田社長は健康で事業意欲も旺盛だったが、「何が起こるか分からない」という見通しから、早めに事業承継の準備に入ったのだ。また、事業承継だけでなく、自社の抱える人材不足問題もM&Aが解決の糸口になるのではとの期待感もあった。

外注先を探していた坂海工業所

２０２０年に候補先を募ったところ、約3カ月程度という短期間で、ある企業が手を挙げた。今回の相手となる坂海工業所であった。１９４８年にプラント配管工事設計・工事を手掛ける企業として創業した。東レを主な取引先として長年の実績を有し、高い技術力には定評がある。複雑化・多様化するニーズに対応するため、これまで培ってきた熟練の職人育成だけでなく、３次元計測とデータ処理・活用システムを導入するなど、最先端のテクノロジーにも理解があった。

坂海工業所は積極的に事業拡大を企図していた。坂海工業所にとってみると、製缶板金を手掛けるには、（１）外注、（２）自社単独で、専門人材採用・育成・設備導入、（３）M&Aによる機能獲得、の３つの手法が考えられた。当初は高い技術力を有するプラント製缶板金の外注先を見つけようとしていたが、長らく続く技術者不足問題が背景にあり、中々見つけることができていなかった。全国規模の企業調査会社のデータを基に外注先の発掘を依頼するほどであった。

そのような折に、日本Ｍ＆Ａセンターが提案したのが、譲り受け先を探していた吹田鉄工だ。提案書を見ると、まさに坂海工業所の工事に使用する技術を保有しており、書面だけであったが、吹田鉄工を内製化することで相応のシナジーが見込めると大きな期待を抱き、すぐにトップ面談を申し込んだ。

２０２０年秋、坂海工業所の西田成希社長と吹田鉄工の吹田社長によるトップ面談が実現した。冒頭では両者共に若干、緊張していたものの、西田社長も吹田社長も共通のビジネス雑誌を購読していることや、城巡りが趣味であることが分かると、距離が一気に縮まったようだった。

当然ながら事業面においても、坂海工業所としては吹田鉄工の持つ高付加価値な技術力を具体的に理解できた。吹田鉄工としても、自社の課題であった人材不足について、坂海工業所との提携によって解消できる可能性があると期待した。

１回目のトップ面談を終え、その後吹田鉄工、坂海工業所の双方の本社を見学する機会をそれぞれ設けるなど、合計３回のトップ面談を実施した。回数を重ねるごとに、両社共に「自社単独ではなくＭ＆Ａによってシナジーが発揮され、より高付加価値な企業グループを形成できる」と確信を持つようになった。例えば、吹田鉄工は配管裏波溶接を不得手としていたが、坂海工業所はそれに対応できる設備を有しており、むしろ得意としていた。一方、坂海工業所としては全国の調査会社を駆使しても中々見つけられなかった製缶板金のノウハウを内製化できるため、多くの受注が見込めた。

両社が初めて面談をしてから約３カ月後の２０２０年12月に、坂海工業所と吹田鉄工は正式に資本提携を締結した。坂海工業所からは経営人材を派遣することとなり、安心して事業に取り組めるようになった。吹田社長は現在、取締役社長として継続勤務しており、高い技術力を基に坂海工業所グループとして成長を果たしている。

内製化は人材・設備投資などへの「時間を買う」

資本提携によって、坂海工業所はプラント製造（製缶板金）機能をグループ化できた。これまで自社単独では手掛けられなかった事業に乗り出せるようになる。

今回のようにもともと外注していた事業を内製化することのメリットは、大きく２つに分かれる。１つ目は、「時間を買う」ことだ。自社単独による人材採用・設備導入は、時間的コストも大きくかかるが、今回のように60年以上の実績を有する企業をグループ化できるのはＭ＆Ａならではの大きなメリットだ。

２つ目は、「ノウハウの蓄積」だ。従来通り外注するのではなく、Ｍ＆Ａによる拡大によって、自社グループとして知恵やノウハウを蓄積し、結果として大きな企業価値向上が図れる。

買収を続けた会社が代表の体調不良をきっかけに譲渡

社員の雇用を守ることを第一に半年で譲渡を決断

譲受企業：神原組（グループ売上高約30億円）
譲渡企業：ＫＧＧホールディングス（グループ売上高約34億円）

木下組（広島市）を中核企業とする木下グループは、中国地方を中心に土木、水道管、太陽光発電、水耕栽培・観光農園など幅広い事業を行っている。２０２１年４月までに７つの会社を買収。事業領域を広げ、売り上げを拡大してきた。グループの単純合算売上高は２０２１年時点で34億円程度だ。

Ｍ＆Ａの手法を積極的に展開してきたのは木下組の持ち株会社であるＫＧＧホールディングスの田中敏彦会長だ。１９８８年に木下組の代表取締役へ就任。２０１４年に木下グループを立ち上げ、16年からＭ＆Ａを進めてきた。

「建設業界は当時、きつい、汚い、危険の『３Ｋ』で、自分たちのような小さな会社に、若い人が入ってこなかった。いっぱい歩き回って、色々なところに募集をかけたけれど誰一人来ない。これでは成長するわけがないと思った。そこでＭ＆Ａでグループを大きくすれば社員が集まるのではないかと考えた」と、田中会長は振り返る。

譲渡企業

項目	概要
企業名	KGGホールディングス
設立	2016年9月
所在地	広島市
代表者	田中 敏彦（譲渡時の年齢62歳、現会長）
事業内容	建築工事、土木工事、 一般住宅施工・リフォーム工事、管工事など
売上高	約34億円（グループ合算）
主要得意先	官公庁、建設会社、一般顧客など
従業員	約140人（グループ合算）

譲受企業

項目	概要
企業名	神原組
設立	2001年1月
所在地	広島県福山市
代表者	神原 雅弘
事業内容	建築土工事、コンクリート工事、 鉄筋工事、型枠工事、解体工事
売上高	約30億円（2022年1月期、グループ合算）
主要得意先	建設会社など
従業員	約40人

会社の規模を大きくするよりも、社員の数を増やしてかつ平均年齢を下げる――。その考えの下、２０１６年４月に宝工務店（広島市）とＭ＆Ａの成約に初めて至った。70年以上の歴史のある老舗企業だ。「私はパートナーとして、歴史のある会社を条件に考えている。歴史のある会社は悪いことをしない。人をだましたり、振り落としたりしていない会社だから続いている。宝工務店もその企業文化があるから残っている」（田中会長）

その後、２０１６年９月にＫＧＧホールディングスを設立。翌２０１７年10月にヤマテ工業（現ＫＧＰ、広島市）、２０１９年４月に藤村組（山口県岩国市）、２０２０年２月に広島構造技研（広島市）、２０２１年４月に大高建設（岡山市）をそれぞれ買収して、傘下に収めた。「成約に至った会社数の５倍以上は面接してきた」と田中会長は明かす。

急速にグループが拡大したため、傘下の企業との情報共有、懇親にも力を入れた。新型コロナウイルス感染症が拡大する前は、毎月の10日に全グループの社員を集めて、現場や仕事の報告会などを開いていたという。

拡大したグループを一転して譲渡

そんな買収に積極的なＫＧＧホールディングスが、これまでと真逆の戦略を打ち出したのは２０２１年８月。神原組（広島県福山市）とのＭ＆Ａを実施し、グループ会社合計14社の譲渡を決意したのだ。神原組の神原雅弘社長がＫＧＧホールディングスとグループの一部を除く事業

M&A成約時の写真。右が神原雅弘社長、左が田中敏彦会長(写真:日本M&Aセンター)

会社の社長に就任した。

譲渡を検討し始めた大きな理由は、当時、ＫＧＧホールディングスの代表取締役だった田中会長の体調不良だ。「死ぬような病気ではなかったが、ガンになった社長の会社が銀行からの新規の融資が受けられなくなったという話を聞いていた。そこで社員の雇用を守ることを1番に考えて、譲渡を検討し始めた」と田中会長は明かす。

譲渡に至るまでの時間は半年ほど。かなり早い方だ。「譲渡は買収と違って負担が大きかった。しかし神原組の神原社長と2度面談して、人間性を知ることができたのがＭ＆Ａを進める大きな要因になったことは間違いない」（田中会長）

買収・譲渡は真逆の戦略だが、田中会長の頭にあったのは一貫して「社員の幸せ」だ。木下グループの〝社員〟はアルバイトも入れて２５０人程度。彼ら、彼女らが路頭に迷わないように、その都度、持続性のある経営を目指し、Ｍ＆Ａを使い分けてきた。Ｍ＆Ａはあくまで手法ということがよく分かる。

神原組はマンションやビル、病院など民間向けの建築工事を主に手掛ける。２０２1年1月期の売上高は約28億円。一般貨物運送業に強い雅開発や電気工事業のＫＧＳ、不動産部門の住徳といった関連3社を含めると、30億円以上に上る。土木など公共工事が9割を占める木下組と事業連携することで、シナジー効果を狙った。従来の民間土木だけでなく公共工事への進出や設備工事への事業領域を拡大させるなど、総合建設会社への成長を実現した。

事業拡大

chapter4

10年後の理想追求にPEファンドとの協業を決意

公共施設の修繕工事に加えて橋梁などへも事業領域が拡大

譲受企業：マラトンキャピタルパートナーズ
譲渡企業：ＳＰＪ（売上高約7億円）

譲渡企業のＳＰＪ（川崎市）は、小中学校や区役所などの大規模修繕工事の施工管理を手掛ける売上高7億円程度の企業だ。塗装や防水の工事を得意としており、一級建築施工管理技士が豊富に在籍している。近年では大規模修繕の市場が拡大傾向にあり、ＳＰＪは高利益率を実現し大きく成長を遂げていた。創業者である横山透社長は日産グループの日産車体（神奈川県平塚市）から防水工事の会社を経て、36歳の時に防水工事で独立を果たした。

会社設立はリーマンショック時の２００８年。当初は、元請け会社の施工管理ではなくその下請けを手掛ける施工事業を展開していた。現場を手掛ける人材を多く抱える必要があり、一時は20人を超える所帯となったが、単価競争にさらされたこともあり、利益がなかなか出ない時期が続いた。

低利益率の状態に課題を感じた横山社長は、２０１８年ごろから施工管理へ移行し始める。それが功を奏して、高利益率体質の企業へと変貌を遂げた。

譲渡企業

項目	概要
企業名	SPJ
設立	2008年5月（創業:2006年）
所在地	川崎市
代表者	横山 透（1972年生） （譲渡年齢:49歳）・創業者
事業内容	大規模修繕・防水工事
売上高	約7億円（2021年4月期）
主要得意先	Nitto、YKK APラクシーなど
従業員	約10人（パートを含む）

譲受企業

項目	概要
企業名	マラトンキャピタルパートナーズ
設立	2021年4月
所在地	東京都千代田区
代表者	小野 俊法
事業内容	プライベートエクイティファンド
年商	—

これまでの延長線上では10年後厳しい

経営が安定軌道に乗ったＳＰＪだが、50歳が目前に迫った横山社長は、これまでの経営者人生の10年間を振り返ると同時に、10年後の自身の未来を想像した。そこで横山社長は「これまでの10年間の延長線上では、理想を実現できないのではないか」と危機感を抱いた。コツコツと着実に成長を遂げてきたが、自社の純資産などを見ると、10年後の自身の会社が厳しくなると容易に想像できてしまったのだ。

「さらに自社を成長させるに最善の方法は何か」「従来の延長線上ではない事業を拡大させるにはどうしたらよいか」と悩み、行き着いた先がＭ＆Ａであった。自社単独ではなく、他社との資本提携を通じて成長したいと考えるようになり、日本Ｍ＆Ａセンターに相談することとなった。

横山社長の希望である「自社の事業を拡大すること」に対して提案されたのが、事業会社ではなくプライベートエクイティファンド（以下、ＰＥファンド）だ。非上場会社の株式に投資をすることを目的としたファンドで、様々な経営資源を投じ、経営をサポートすることで企業価値を高め、成長させることを使命としている。

ＰＥファンドのなかでも譲り受け企業の候補となったのが、マラトンキャピタルパートナーズ（以下、マラトンキャピタル）だった。同社は、国内屈指のファンド出身者を中心に２０２１年４月に創業した、日本の中小企業向けのＰＥファンドだ。

ファンドと聞くと、テレビドラマの影響などもあり利益だけを追求し、強引なリストラを実施

SPJが手掛けた修繕・防水工事（写真:SPJ）

する「ハゲタカ」をイメージする人もいるかもしれない。しかしマラトンキャピタルをはじめとする中小企業向けのＰＥファンドは、対象企業の成長を友好的に支援する。その中でも、マラトンキャピタルは次のような特徴を有する。

（１）プロ経営者１５００人以上登録の日本プロ経営者協会とのネットワークを有する
（２）経験豊富なファンド出身者がいる（累計70社以上への投資実績）
（３）中小・マイクロサイズの投資を得意とし、オーナー事業承継型Ｍ＆Ａが多い

横山社長はマラトンキャピタルとのトップ面談を経て、ファンド担当者が若かったこともあり、「新しいエネルギーがついに入ると思い、非常に刺激的だった」と振り返える。

Ｍ＆Ａ実行後も、横山社長は引き続き、取締役としてＳＰＪで経営を行っている。従業員が退職することもなく、新たなスタートを切った。ファンドとの伴走のなかで、経営者・従業員・会社のそれぞれに次のような変化が起こっていると感じている。

①経営者

これまで自身が経営のトップとして手腕を振るい、受注や発注の際には直感的に選択するケースが多かったが、ファンド参画以降は論理的に、どのようにしたら企業価値が向上するかの判断を適切に行えるようになった。

②従業員

それまでは退職金などの規定が十分に整備されていなかったが、ファンド参画以降、システムの設計に入り、組織の体制を大幅に刷新でき始めている。これまで経営者1人ではカバーしきれていなかった範囲を体系的に網羅しており、従業員にとってもより安心して働きやすい場となっている。Ｍ＆Ａが成立して1年が経過後も退職者は出ておらず、もちろん強制的な配置換えやリストラなどは行っていない。

③会社

これまで公共施設などの修繕工事を中心に請け負っていたが、ファンド参画以降に橋梁関連にも営業を行うことができるようになり、対応領域が拡大している。地域社会や金融機関からもファンド傘下であるということが安心感につながっているようで、ポジティブな反応がほとんどだ。

ファンドでは主に１００日プランと称して、Ｍ＆Ａ検討の企業調査時に発覚した課題を解決するために１００日かけて企業体制を整えるフェーズがある。今回は、従業員との契約や各取引先との契約を正しく締結したり、採用支援を行うためにホームページ制作や人材採用コンサルティングを行ったりするなど、経営者1人ではカバーしきれていなかった範囲で成果が見られた。

その後マラトンキャピタルは２０２２年9月、内装工事などを手掛けるツクバメンテナンス（茨城県つくば市）と資本業務提携した。ファンド保有の企業間（ＳＰＪとツクバメンテナンス）で事業シナジーを創出し、企業価値を高めている。

右はSPJの横山透代表取締役、左はマラトンキャピタルパートナーズの和田耕太郎取締役共同パートナー
(写真:日本M&Aセンター)

東北３社建設連合に新たな企業参画

社員の融通で地域ごとの繁閑に対処

譲受企業：エンデバー・ユナイテッド
譲渡企業：南総建（売上高約14億円）

２０２２年７月、投資ファンドを運営するエンデバー・ユナイテッド（東京・千代田）が福島県南会津町の建設会社、南総建の株式を買い取り、同社を完全子会社にした。狙いはエンデバーが東北地方で主導する中小建設会社連合の拡大だ。

エンデバーは２０２０年以降、山和建設（山形県小国町）、小野中村（福島県相馬市）、南会西部建設コーポレーション（福島県会津若松市）の３社の株式をそれぞれ１００％取得。２０２２年７月には３社の持ち株会社ＵＮＩＣＯＮホールディングス（ＵＮＩＣＯＮＨＤ、仙台市）を発足させた。

南総建は売上高が約14億円で、89人の社員を抱える。２０２１年度は福島県南会津建設事務所からの土木工事の受注額が４億円を超えている。同事務所の管轄エリアでは有数の建設会社だ。

エンデバーによる買収の狙いは、建設会社間で人材を融通して人手不足を解消し、地域ごとに異なる工事の繁閑に対処することだ。

◉ UNICONホールディングスは南会津への進出を狙う

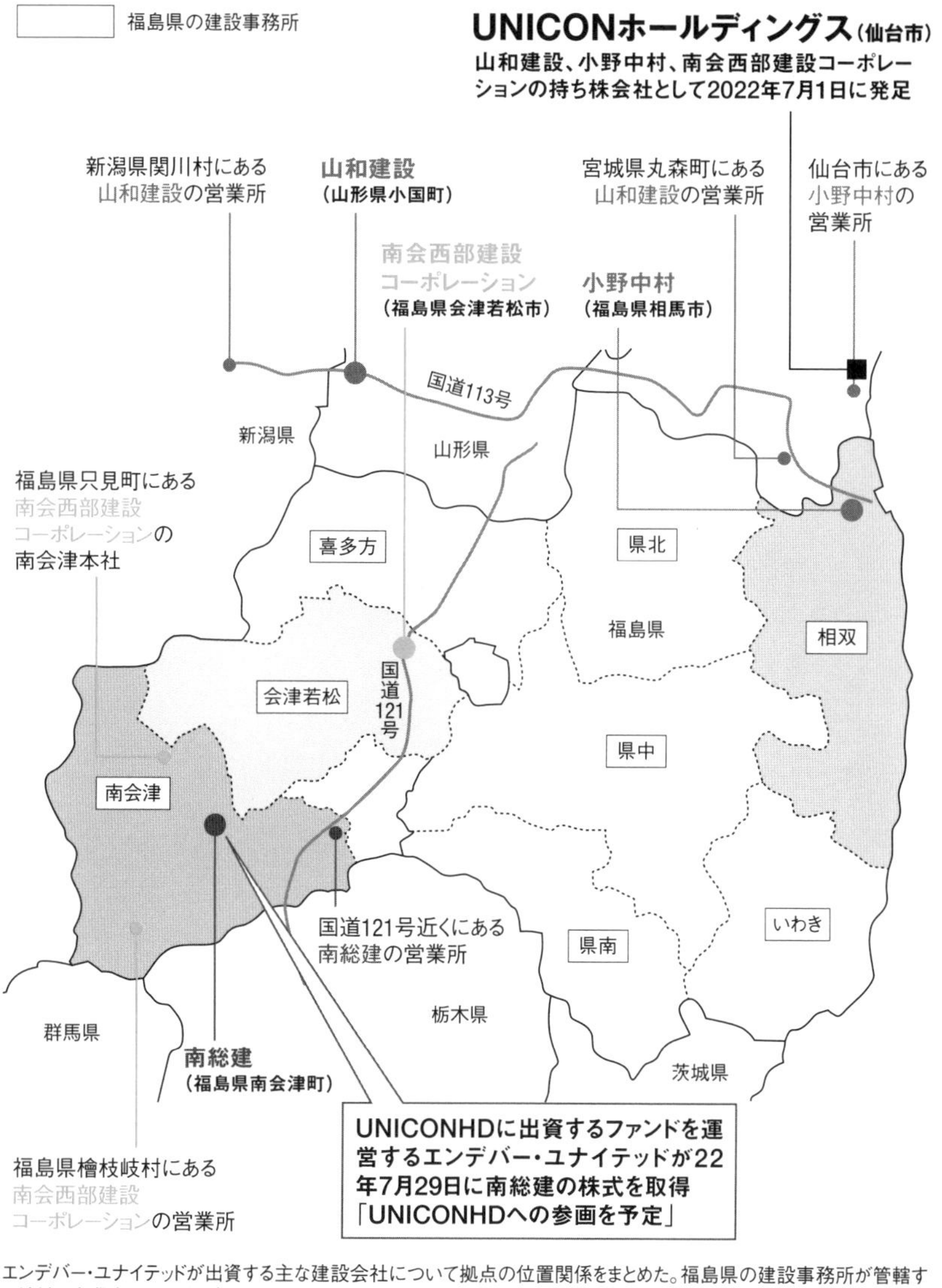

エンデバー・ユナイテッドが出資する主な建設会社について拠点の位置関係をまとめた。福島県の建設事務所が管轄する地域を事業会社の本社ごとに色分けした
（出所：エンデバー・ユナイテッドや福島県の資料を基に日経クロステックが作成）

小野中村が福島県から受注した相馬市内の河川の災害復旧工事では、山和建設の社員１人が小野中村に転籍して施工に従事した。

ヘリ輸送を使った施工に熟練

ＵＮＩＣＯＮＨＤは傘下の各社が持つ独自の知見やノウハウを組み合わせて技術力を高め、コスト競争力を強化したい考えだ。

傘下の会社はいずれも元請け工事を多く手掛けており、異なる強みを持つ。例えば、山和建設は東日本高速道路会社から高速道路工事の受注実績がある。小野中村は県などの護岸工事の実績が豊富だ。南会西部建設コーポレーションはダムの底にたまった土砂の浚渫（しゅんせつ）を得意とする。

そして南総建は、福島県や栃木県など４県にまたがる尾瀬国立公園の建物や歩道の建設・維持管理の実績を持つ。敷地内は生態系を保護するために車両の乗り入れが制限されているので、ヘリコプターを使った資機材の輸送が必要だ。福島県自然保護課は「航空法や電波法といった規制にのっとって施工計画を作成する必要がある」と工事の特殊性を説明する。

南総建は２０２３年１月、ＵＮＩＣＯＮＨＤの一員となった。ヘリコプター輸送が必要になるなど、生態系への配慮が強く求められる工事の入札で実績をアピールできる。

連合を組むメリットは施工にとどまらない。南総建を加えた４社の売上高は合計で約２００億

南総建が福島県から受注した新尾瀬沼ビジターセンターの建設工事の様子。施工現場に車両の乗り入れができないため、ヘリコプターで資機材を運ぶ必要があった（写真:福島県）

◉ 売上高は4社合計で約200億円に

会社名	山和建設	小野中村	南会西部建設コーポレーション	南総建
売上高	77億円	77億円	31億円	14億円
完成工事高に占める元請けの比率	99%	97%	77%	99%
工事種類（カッコ内は元請け完成工事高に占める比率）	土木一式（71%） 建築一式（27%） 舗装（1%）	土木一式（77%） 建築一式（16%） 舗装（5%）	建築一式（56%） 土木一式（26%） とび・土工・コンクリート（6%）	土木一式（43%） 建築一式（37%） 舗装（17%）
建設機械の所有およびリース台数	14台	10台	15台	17台
社員数	123人	94人	71人	89人
技術者数	58人	61人	34人	41人
35歳未満の新規の技術職員数が技術職員数の1%以上を占める	○	×	×	×
主な特徴	東日本高速道路から高速道路工事の受注実績を持つ	護岸工事の実績が豊富	浚渫の工事高が元請け・下請け合計で3億円超	尾瀬国立公園の歩道や建物の建設、維持管理を手掛ける

社員数を除くデータは山和建設と小野中村、南会西部建設コーポレーションがそれぞれ2021年6月末時点、南総建が22年3月末時点の経営状況分析結果より引用。新規の技術職員は経営状況分析の基準日から1年以内に加わった職員を指す。社員数は南総建が22年2月1日時点、他は22年8月1日時点
（出所:建設業情報管理センターの資料や取材を基に日経クロステックが作成）

円。大規模な投資が可能になる。基幹システムを共通化すれば、調達や会計のデータ管理をＩＣＴ（情報通信技術）で省力化する費用も抑えられる。

各企業の本社所在地では人材採用が難しくても、複数の地域にまたがるグループの独自性を前面に出せば訴求力が高まる。ＵＮＩＣＯＮＨＤは財務や労務など管理部門の人材を、都市部に設けた本社を拠点に確保する戦略だ。

地元企業の入札優遇策が後押し

互いの強みを持ち寄って不足を補い、力をつける――。そんな中小建設会社の連合は、発注者である自治体にとっても恩恵がある。

例えば、２０２２年８月の豪雨で約50年ぶりに大規模な被害を経験した新潟県関川村。道路だけでなく宅地にも土砂や流木が流入した。村と災害時の応急対策に関する協定を結んでいた山和建設は、被災した集落に重機や作業員を送り、約１週間かけて土砂や流木を撤去した。

この作業に南会西部建設コーポレーションの社員も応援に駆けつけた。ＵＮＩＣＯＮＨＤの構成企業はそれぞれの拠点が国道など幹線道路で結ばれているため、行き来しやすい。人材や資機材をグループで分散保有すれば、災害への対応力を高められそうだ。

発注者は災害時の復旧体制を重視して、地元に拠点を置く建設会社を入札で優遇し始めている。福島県は２０２０年度から一般土木や舗装など５つの工種で、「地域の守り手育成型方式」と呼

2022年8月の豪雨で土砂災害に見舞われた新潟県関川村湯沢集落の様子。山和建設や南会西部建設コーポレーションが土砂や流木を撤去した（写真:関川村）

◎ 合併の経験を持つ企業が多く参画する

年	主な出来事
1970	小山建材（現在の山和建設）創業
77	小山建材が社名を山和建設に変更
2004	南会工業と西部建設（旧南会工業会津支店）が合併して南会西部建設コーポレーションを設立
14	福島県南会津町の星組、大富土建工業、福南建設の3社が合併して南総建を設立
18	小野建設と同社出身者が設立した中村土木が合併して小野中村を設立
19	小野中村と平澤建設工業が合併
20	エンデバー・ユナイテッドが山和建設の株式を取得
21	エンデバー・ユナイテッドが小野中村の株式を取得
	山和建設と小野中村の持ち株会社が合併し、山和建設・小野中村ホールディングスを設立
	エンデバー・ユナイテッドが南会西部建設コーポレーションの株式を取得
22	南会西部建設コーポレーションの持ち株会社が山和建設・小野中村ホールディングスと合併し、UNICONホールディングスを発足させる。社長には山和建設社長の小山剛氏が就任、山和建設社長は井上孝氏に交代
	エンデバー・ユナイテッドが南総建の株式を取得

UNICONホールディングスに参画する企業の主な出来事をまとめた（出所:各社の資料を基に日経クロステックが作成）

ぶ指名競争入札を試行している。

　この方式で発注者は、県の出先事務所の管轄エリアや市町村といった区域に限定して指名先を選ぶ。

　多くの自治体では、資本関係や人的関係のある複数の建設会社が同一の公共工事の入札に参加することを規制している。そのため、同一地域での再編が起こりにくい。しかし、ＵＮＩＣＯＮＨＤのような地域をまたぐ建設会社の連合ならば、入札への参加機会は減らない。入札を巡る福島県の取り組みは今後、地域横断型の連携を後押ししそうだ。

　ＵＮＩＣＯＮＨＤには、小野建設、中村土木、平澤建設工業の３社が合併して誕生した小野中村のように、Ｍ＆Ａを経験した企業が多く参画する。そのため、組織の統合には過去の経験を生かせそうだ。

事業拡大

chapter4

桁外れの成長戦略加速のために海外企業と組む

コロナ禍で交渉中断の危機も長期ビジョン実現のために続行

譲受企業：電材ホールディングス（グループでの売上高約１８０億円）
譲渡企業：ホアチョンホールディングス（売上高約54億円）

譲受企業側の電材ホールディングスは、国内有数のクレーン企業だ。北海道の室蘭市にて１９７２年に創業。若い会社だが、国内最大級の大型クレーンや特殊重量物輸送車両を相次いで導入するなどして、事業を拡大してきた。また国内の同業他社を積極的に買収し、２０２２年までに５社とＭ＆Ａを成約させ、全国へと事業を展開している。

電材ホールディングスの成長戦略の柱は、「海外」「Ｍ＆Ａ」「風力発電」の３つだ。柱の１つである「風力発電」は、脱炭素化の世界的な潮流から今後も拡大が期待される。世界的には欧米が先行している風力発電だが、アジア太平洋地域でも台湾がいち早く大規模化の開発を進めてきた。そこで電材ホールディングスも２０１９年に台湾へ進出。翌年には16億円の売上高を計上する。

ただし今後、台湾以外でも風力発電の開発が見込まれることを考えると、電材ホールディングスにとって海外拠点における人材と機材の確保は喫緊の課題だった。そこで海外事業拡大の足が

◉ 国内外で子会社化を進める

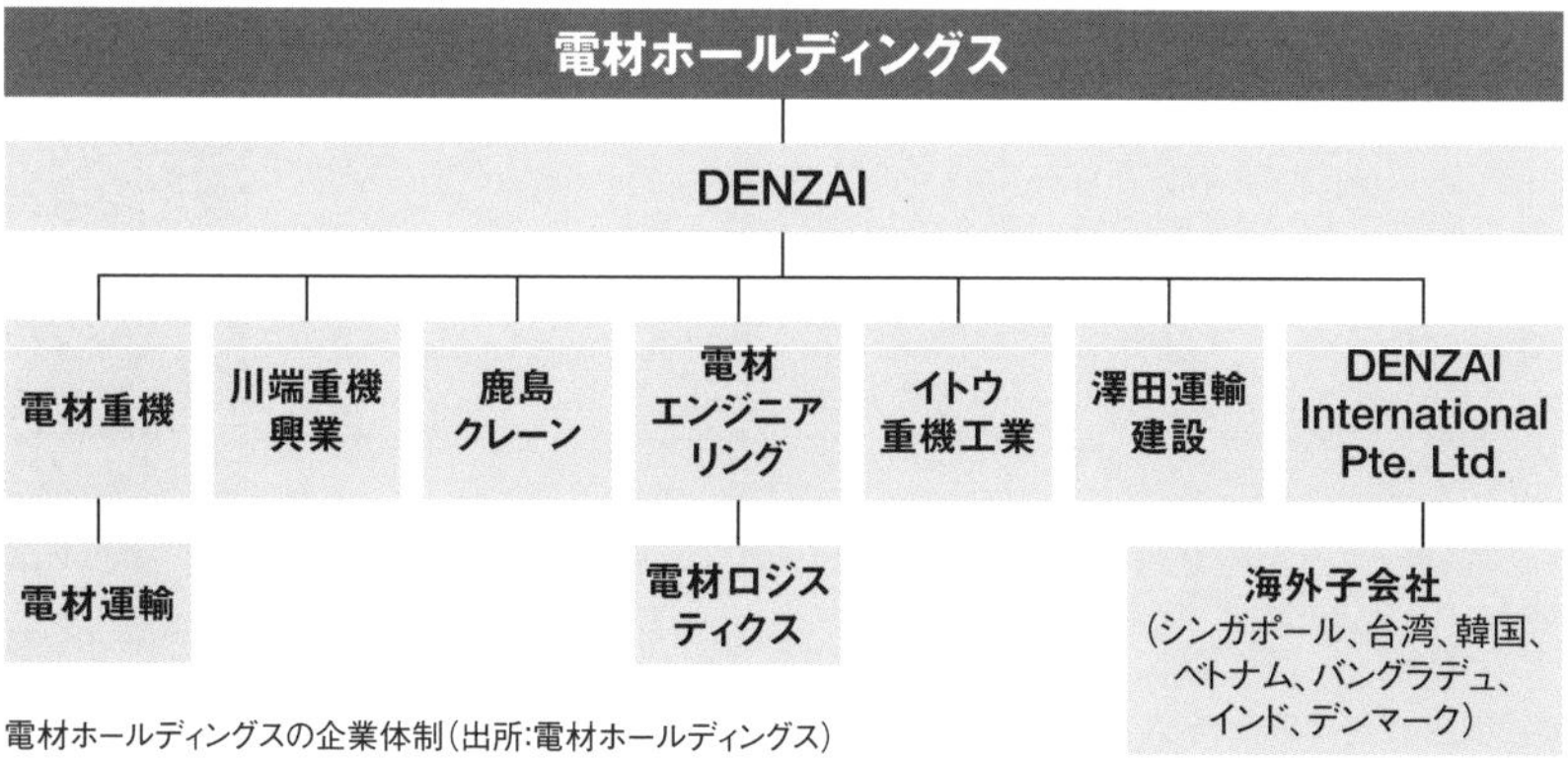

電材ホールディングスの企業体制（出所:電材ホールディングス）

◉ 全国に多くの拠点を持つ

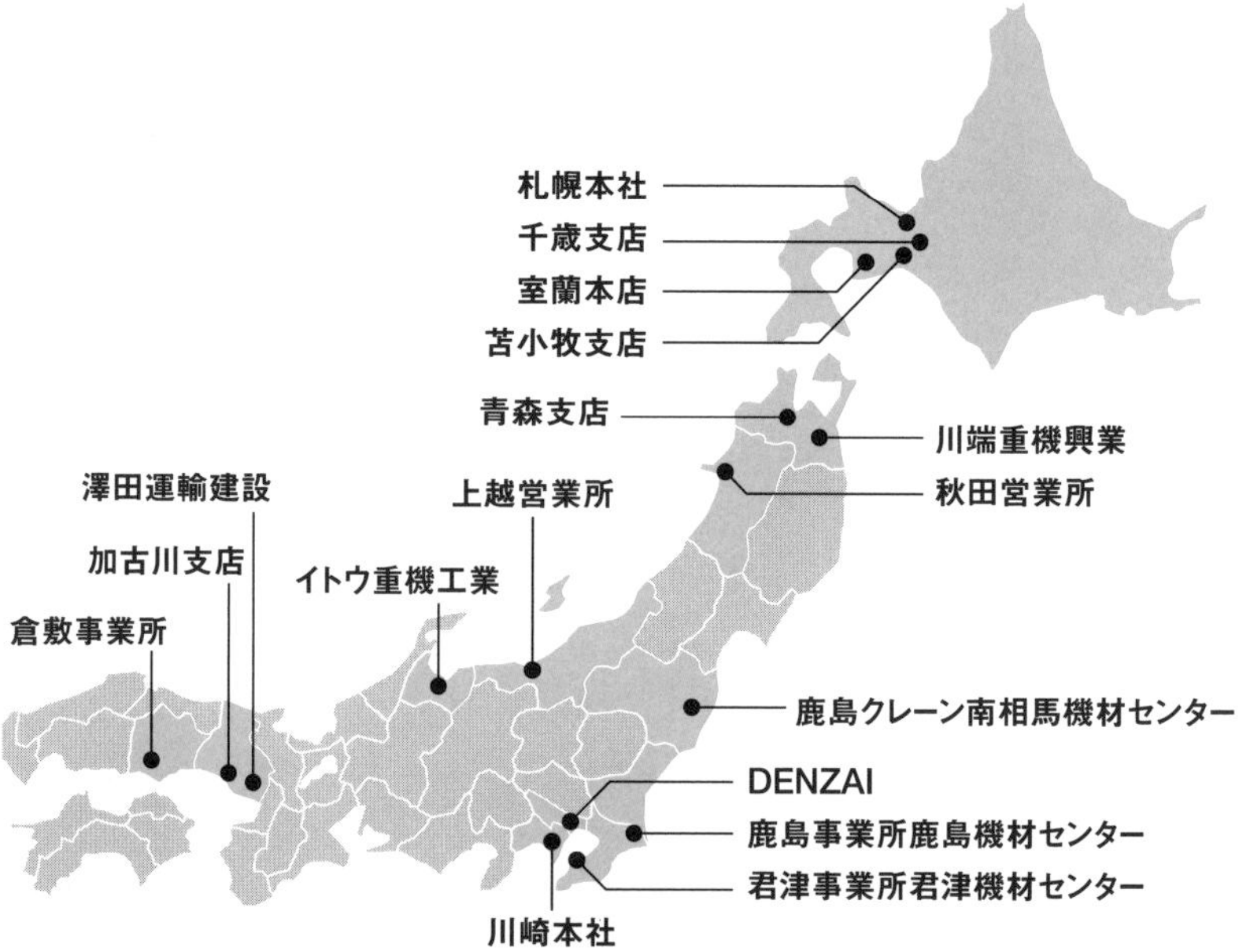

電材ホールディングスの国内拠点（出所:電材ホールディングス）

かりになる同業のパートナー探しが始まる。２０２２年、相手先に選んだのが、シンガポールのホアチョンホールディングスだった。

ホアチョンホールディングスは、シンガポール国内で創業以来30年以上にわたり、主にクレーン事業と重量物輸送事業を手掛けてきた。重機を５００台以上保有し、従業員５００人を超える。シンガポール国内でクレーン業界のトップ５の一角を占める。

ホアチョンホールディングスは新規インフラ建設や石油化学系のプラントメンテナンスに強みを持っていた。しかしながら、シンガポール建設市場の成熟化や、脱炭素化の流れによって、現在の主力事業では将来的な成長が見通せない状況にあり、新たな経営戦略を必要としていた。

そこで活路を求めたのが海外市場だ。シンガポールを拠点にグローバルに事業を展開するという「成長戦略」を描いていた。

出会った直後に襲い掛かった新型コロナウイルス

そんな両社は２０１９年11月にシンガポールにてトップ面談を実施した。面談を通じて、資本提携すればお互いの成長戦略を共に実現できることを双方が感じていた。

ホアチョンホールディングスは、電材ホールディングスが有する顧客チャネルや風力関連の技術力、海外事業管理のノウハウを共有することで、念願の海外進出と成長を実現できると考えた。

一方の電材ホールディングスも、シンガポール国内の大手企業や政府系企業との取引実績があり、豊富なグローバル人材を抱えるホアチョンホールディングスとの提携は、成長戦略の柱である「海外」展開を一気に推し進めることができると考えていた。

そして本格的な交渉が２０２０年の年明けからスタートした。しかし、両社の交渉は新型コロナウイルス感染症の拡大で難航する。

シンガポールでは、新型コロナウイルスによって、多くの建設現場が作業中止に追い込まれる事態となり、ホアチョンホールディングスの業績にも大きな打撃を与えた。同ホールディングスの業績回復のめどが立たない状況で、電材ホールディングスの内部からは買収交渉中断の声も上がったほどだ。

しかし、電材ホールディングスは２０３０年までに売上高３５０億円を達成するという長期ビジョンを掲げており、そのビジョンを実現させるためには、ホアチョンホールディングスとのＭ＆Ａは欠かせない成長戦略だった。

そして双方共に粘り強く継続協議を行った結果、２０２０年12月に契約締結に至った。

ホアチョンの顧客チャネルで香港での受注を勝ち取る

Ｍ＆Ａの成立後、営業面ですぐに相乗効果が見られた。ホアチョンホールディングスは２０２０年12月末、念願だった海外インフラ案件で、電材ホールディングスと協業を開始したのだ。バングラデシュのマタバリ超々臨界圧石炭火力発電所の建設現場にホアチョンホールディングスの

台湾洋上風力現場の写真(写真:電材ホールディングス)

カイタック・スポーツ・パークの現場写真(写真:電材ホールディングス)

保有するクレーンや重量品輸送車両を導入し、加えて、ホアチョンホールディングスのエンジニアも派遣した。

また２０２１年2月にはベトナムで、大規模陸上風力発電所ハム・コン２の建設工事を両社で共同受注した。さらに同年６月には香港で、大型スタジアム「カイタック・スポーツ・パーク」に電材ホールディングスの保有するアジア最大級の吊り上げ能力を誇る１３５０トン吊りクレーンの現場搬入が決定した。この案件は、顧客がシンガポール資本の建設会社で、ホアチョンホールディングスの顧客チャネルを通じて電材ホールディングスのサービスを販売することに成功した初めての実績となった。

海外子会社を統括する企業を設立

電材ホールディングスは、シンガポールにホアチョンホールディングスという新たな拠点を持ったことで、東南アジアだけでなく南アジア地域への進出を加速化させることも計画している。そして電材ホールディングスとホアチョンホールディングスは２０２０年6月、電材ホールディングス内の全ての海外子会社を統括するＤＥＮＺＡＩインターナショナルをシンガポールに共同で設立した。拠点から地理的に近く、かつ英語を使える人材が豊富なシンガポールに海外本社を構えることで、海外子会社管理の効率化を実現し、これまで以上に付加価値の高いサービスを提供していくことを目指す。

◎ 南アジアを中心に拠点を広げる

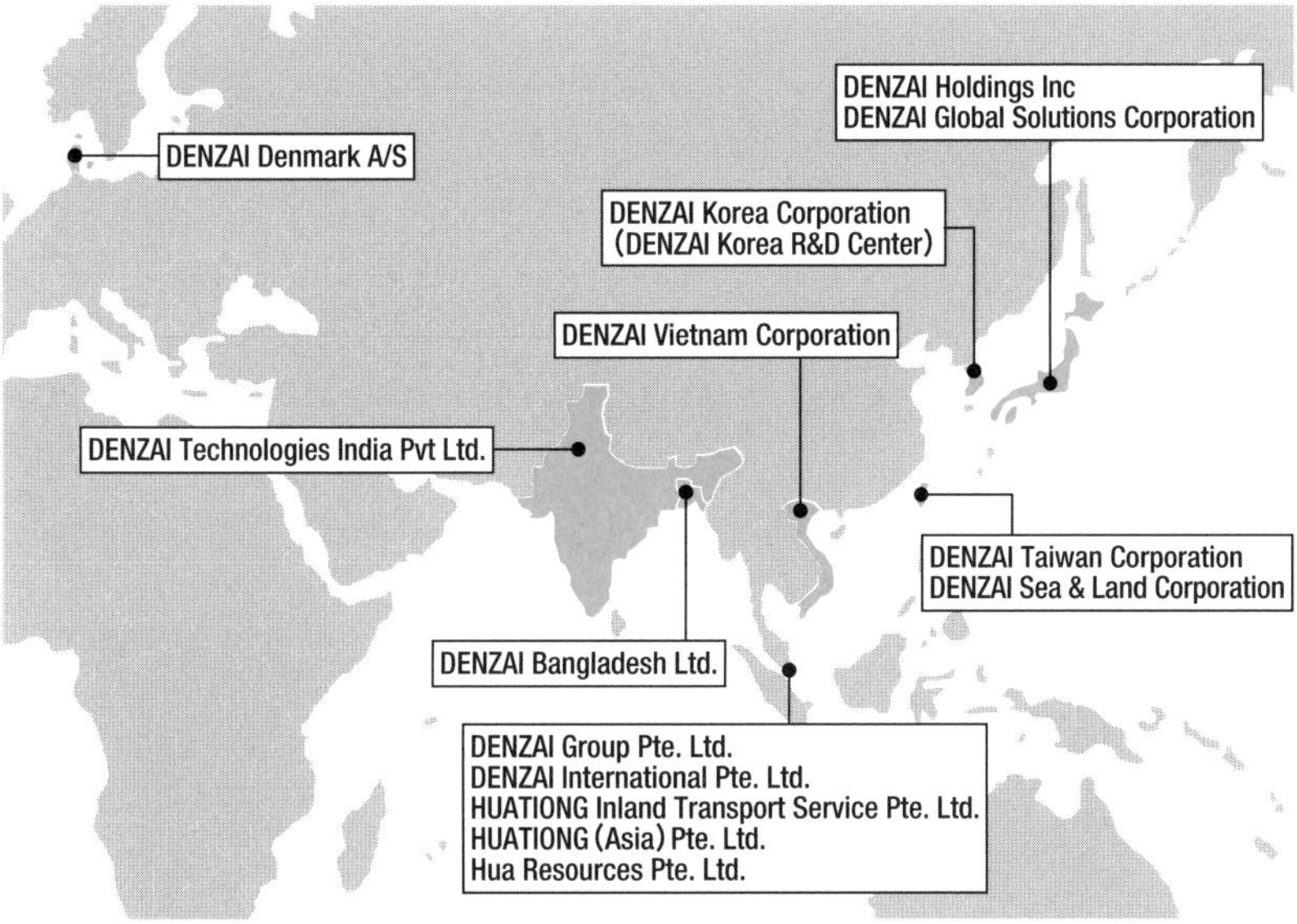

電材ホールディングスの国外拠点(出所:電材ホールディングス)

第5章

M&Aを巡る新しい潮流

DXやGXなど国の新しい動きに応じて、これまでにないプレイヤーと提携するM&Aが主流になりつつある。これからのM&Aについて考察する

政策から見る新しい建設産業

とにかく「トランスフォーメーション」の時代に

ＤＸ（デジタルトランスフォーメーション）やＧＸ（グリーントランスフォーメーション）をはじめ、日本では一種のトランスフォーメーションのブームが来ている。トランスフォーメーションとは、直訳すると「変革」という意味を持つ。経済産業省「『ＤＸ推進指標』とそのガイダンス」によると、ＤＸは次のように説明されている。

「企業がビジネス環境の激しい変化に対応し、データとデジタル技術を活用して、顧客や社会のニーズを基に、製品やサービス、ビジネスモデルを変革するとともに、業務そのものや、組織、プロセス、企業文化・風土を変革し、競争上の優位性を確立すること」

アナログをデジタルに置き換えることをＤＸと捉えがちだが、本来はそこで終わるのではなく、現在の業務内容や進め方、組織構造などを抜本的に見直すことまでを含む。既にあらゆる産業において、新たなデジタル技術を利用してこれまでにないビジネスモデルを展開する新規参入者が

◉ 多くの建設会社などがカーボンニュートラル実現に本気

GXリーグ基本構想に賛同した建設会社など。2023年4月時点で建設業は39社（出所：経済産業省）

登場し、ゲームチェンジが起こりつつある。

他方、ＧＸとは、産業革命以来の化石燃料中心の経済・社会、産業構造をクリーンエネルギー主体に変革させる取り組みのこと。地球温暖化問題を発端とする、環境意識の高まりから、脱炭素に貢献する技術を持った企業が注目され、新たな開発合戦が繰り広げられている。

このようなＤＸやＧＸによって、従来とは全く異なる視点や価値観をもって市場に大変革が起ころうとしている。そのなかで、Ｍ＆Ａに求められる役目は非常に大きい。なぜならばゲームチェンジはスピード感が非常に重要で、〝シーズ〟のない企業が自社で一から変革を推し進めるのは難しいからだ。実際にＤＸやＧＸのために、業務提携や資本提携などで新しい技術やシステムの開発を進める案件が増えている。

大企業だけでなく中小企業もＤＸ

これまで当たり前だと思われていた考え方や価値観が劇的に変化する「パラダイムシフト」は、もちろん建設産業でも人ごとではない。古いしきたりや慣習から抜けきれない産業構造を持つ建設だが、もはや現状維持で立ちゆかなくなっているのは、第1章で述べた通り。既に危機意識の高い経営者は成長戦略への投資を惜しまず、Ｍ＆Ａなどの手法を駆使して、新しいステージに移っているのだ。

その点では何も手を付けていない企業はスタートダッシュで出遅れている。ただし、だからといって悲観することはない。逆の見方をすると、伸びしろは非常にあるといえるからだ。例えば、建設業界で近年話題に上がっている生産性を例に見てみる。

他業界と比べて低い生産性が課題の建設業界では、国土交通省が旗振り役となりi-Construciton という施策を打ち出して、２０１６年ごろから生産性を向上させる取り組みを推進してきた。

国は２０２５年までに建設業における生産性を20％向上させる目標を立てている。数々の生産性向上策を講じてきた結果、建設産業全体における名目の付加価値労働生産性は i-Construction を始める前と比べて２０２１年時点で約12％上昇した。

ただし、まだ他の産業と比べて低い。毎年上昇しているものの、全産業の平均の7割ほどだ。国が関与しづらい民間の建築工事の生産性を含むとはいえ、製造業の6割程度にとどまっている。

２０１６年度から２０２０年度の国の一般土木工事を見ると、ＡやＢのランクの会社はほとんどがＩＣＴ（情報通信技術）施工を経験済み。一方、Ｃランクの会社はＩＣＴを経験した割合が5割程度で、Ｄランクは同1割に満たない。国の等級でさえもこの結果なので、自治体の等級では未経験の数がさらに多いことは容易に想像がつく。

つまり国のＤランク、または自治体の仕事をメインで受注する中小企業などにとっては、生産性向上策の1つであるＩＣＴの採用についてはまだ横一線ということだ。近年ではクラウドなどでソフトウエアやアプリケーションを利用できるサービス形態であるＳａａＳ（ソフトウエア・アズ・ア・サービス）、利用した期間に応じて料金を支払う課金形態であるサブスクリプション

◉ 建設業の付加価値労働生産性は他産業に比べて低い

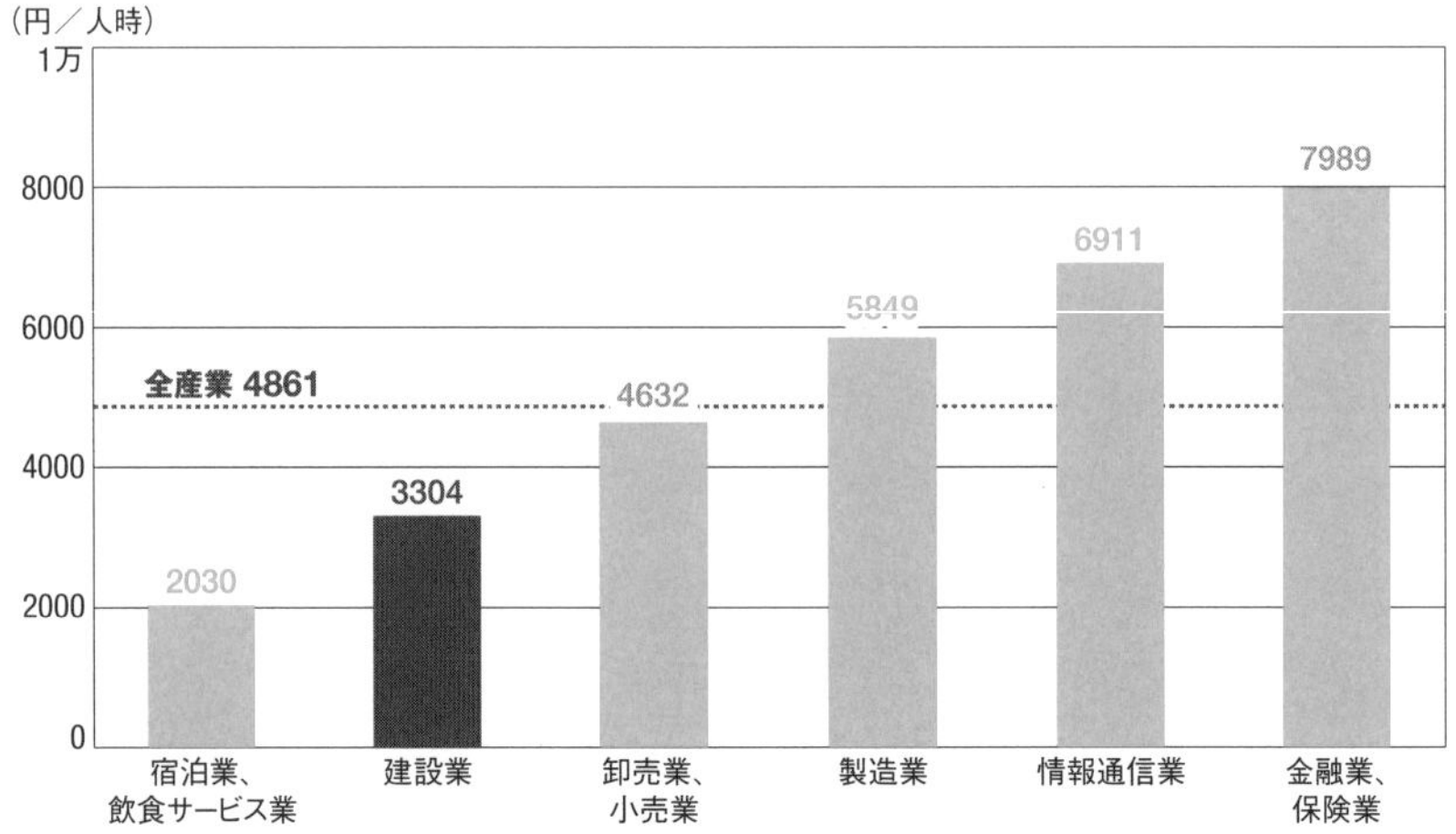

2021年の産業別の名目付加価値労働生産性(出所:日本生産性本部・生産性データベース)

◉ 中小の建設会社ほどICT施工の実施割合が低い

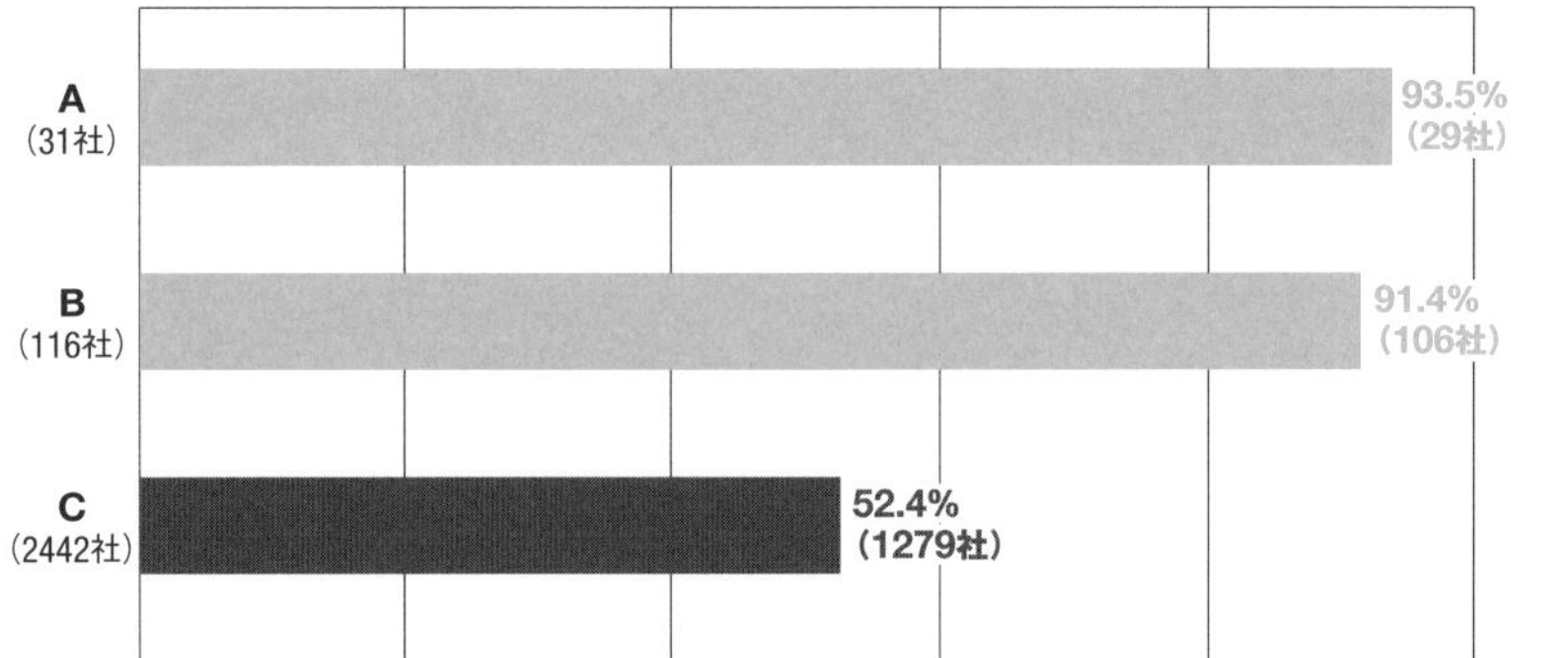

一般土木工事の等級別に見たICT施工経験の割合。単体企業での元請け受注工事のみを集計した。北海道開発局と沖縄総合事務局は除く。対象期間は2016年度から20年度まで。等級の下に記したカッコ内は16年度以降の直轄工事を受注した企業数(出所:国土交通省の資料を基に日経クロステックが作成)

など、初期投資を抑えられるサービスが普及して、自前で生産性向上に取り組む企業が増えてきた。ただし取り組みの多くは「改善」の域を脱しておらず、トランスフォーメーションとまでは言えない。

その点、他社の技術やシステムを享受できるようになるＭ＆Ａは生産性を飛躍的に上げる変革の１つといえる。例えば、譲渡側が譲受側のシステムを享受できるようになり、総務や経理、財務などバックオフィス業務の大幅な効率化につながった例は枚挙にいとまがない。

国の技術基本計画にＤＸ

今後も建設産業におけるＤＸ推進の動きは続く。国交省は２０２２年３月末、２０２２～２０２６年度を対象とした新たな技術基本計画（第５期国土交通省技術基本計画）を作成した。この計画は、国交省の技術政策の基本方針を示し、技術の開発推進や効果的な活用、技術政策を支える人材の育成といった取り組みを示すものだ。

社会経済的課題への対応として、６つの重点分野を挙げており、その１つで、新たにＤＸのキーワードを掲げている。従来計画でもＡＩ（人工知能）やＩｏＴ（モノのインターネット）といった表現で盛り込んでいたが、今回はＤＸのパートを構成。デジタル化・スマート化による働き方改革や生産性向上に向けた技術開発などを挙げる。

代表的な施策の１つがＢＩＭ／ＣＩＭ（ビルディング・インフォメーション・モデリング／コ

ンストラクション・インフォメーション・モデリング）だ。国交省は２０２３年度、小規模を除いて原則、全ての工事で適用を始めた。

ＢＩＭ／ＣＩＭとは、測量・調査、設計段階から３次元モデルを導入して、その後の施工、維持管理・更新の各段階においても３次元モデルを連携・発展させて事業全体の建設生産・管理システムの効率化・高度化を図る取り組みを指す。大手や意識の高い地方中小企業は先行して導入していたものの、２０２３年度からの原則適用を機に、多くの中小企業も対応は待ったなしだ。既に当該技術にからむＭ＆Ａの事例も出てきている。

ＢＩＭ／ＣＩＭの取り組みで、測量や出来形管理などに欠かせないドローンも、この10年間で普及した。大規模災害の被害状況の確認などで大々的に導入されるようになり、その後、点検や出来形確認なども含めて建設業界で一気に使われるようになった。

さらにはドローンを巡る法制度の改正なども着々と進んでいる。２０２２年12月に航空法等の一部を改正する法律が施行され、ドローンの操縦者を証明する制度が開始。有人地帯において、補助者がいなくて目視外飛行（レベル４飛行）を実現するためには、国が認めた国家資格（無人航空機操縦士）が必要になった。

建設産業にとっては都市部でのインフラの点検などでドローンの利用促進が見込まれる。既に各社は業務提携など協力体制を取り、技術開発や現地試験などを実施している。

建設３Ｄプリンターの普及も見逃せない。当初は大手建設会社だけが使用する技術と思われていたが、今では地方の建設会社が現場で次々に使って、実績を出している。建設３Ｄプリンター

◉ 将来の建設現場のイメージ

第5期国土交通省技術基本計画から抜粋(出所:国土交通省)

の開発を手掛けるスタートアップ企業のPolyuse（ポリウス、東京・港）と手を組む地方建設企業が急増しているのだ。例えば、Polyuseと入交建設（高知市）は２０２２年2月、国交省土佐国道事務所の道路改良工事において、３Ｄプリンターで印刷造形した集水升を本設構造物として設置した。それを皮切りに、建設３Ｄプリンターの造形事例が各地で報告されている。

その他、ＶＲ（仮想現実）やＡＲ（拡張現実）などのＸＲ（クロスリアリティー）の技術、ＩｏＴ、ＡＩ、自動化なども、ＤＸに寄与する要素技術だ。暗号資産（仮想通貨）で発展したブロックチェーンを、品質管理や施工管理に適用する動きも出てきている。米OpenAI（オープンＡＩ）が開発した対話型ＡＩの「ChatGPT」は、これまでの仕事の在り方を１８０度変える可能性を秘めており、最新動向から目が離せない。

グリーンな成長戦略やチャレンジ

ＤＸは自分たちの仕事を改善するという点で取り組みの成果が分かりやすい。一方、分かりづらいのがＧＸだ。１社の環境対策が地球規模での温暖化抑制にどれだけ貢献できているかを知るすべは残念ながらない。ただし、だからといって各社は温暖化対策を講じなくてもいいわけではない。脱炭素社会の実現は国を挙げての取り組みであり、脱炭素社会実現に貢献するような業務が今後、発注されることは間違いないからだ。

２０３０年度の温暖化ガスの排出量を２０１３年度比で46%削減する目標の達成に向けて、国は方針や戦略を固めている。政府は２０２１年６月、脱炭素化の取り組みで成長が期待される14分野（産業）を対象に、今後の注力すべき内容を列挙した「グリーン成長戦略」を改定した。

国交省は２０２１年７月、同省が２０３０年度までに取り組む重点プロジェクトをまとめた「国土交通グリーンチャレンジ」を公表。街づくりや電気自動車（ＥＶ）対応、グリーンインフラなど６つのテーマで、脱炭素化を推進する方針を打ち出した。

２０２２年４月には改正地球温暖化対策推進法を施行。都道府県や政令市、中核市が作成する脱炭素化の実行計画に、太陽光や風力など再生可能エネルギーの利用促進に関する実施目標を設定するよう義務付けた。加えて、同年６月に閣議決定した「新しい資本主義のグランドデザイン及び実行計画」「骨太方針２０２２」では、ＧＸを新しい資本主義の柱として打ち出した。今後10年間における官民の総投資額は１５０兆円に上る方針だ。カーボンプライシング（炭素に価格を付け、排出者の行動を変容させる政策手法）導入による将来の財源を期待したＧＸ経済移行債（仮称）の発行など、大胆な先行投資支援を検討している。

２兆円の基金で研究開発を支援

２０２２年11月に実施した第４回ＧＸ実行会議の資料によると、分野別の投資規模は、再生可能エネルギーの大量導入に約31兆円以上、住宅・建築物には約14兆円以上、セメント産業には１兆円以上をそれぞれ想定している。

◉ 2030年度までに6つのプロジェクトを重点的に推進

「国土交通グリーンチャレンジ」の重点プロジェクト

省エネ・再エネ拡大などにつながるスマートで強靱なくらしとまちづくり
- インフラなどにおける太陽光や下水道バイオマス、小水力発電などの導入・利用拡大
- 都市のコンパクト化や都市内エリア単位の包括的な脱炭素化の推進
- 環境性能に優れた不動産への投資促進

自動車の電動化に対応した交通・物流・インフラシステムの構築
- EV充電器の公道設置の社会実験やEV走行中給電技術の研究開発支援
- グリーンスローモビリティーや超小型モビリティーの導入促進
- EVから住宅への電力供給システムの普及促進

港湾・海事分野におけるカーボンニュートラルの実現、グリーン化の推進
- 水素や燃料アンモニアなどの輸入・活用拡大を図るカーボンニュートラルポートの形成推進
- 洋上風力発電の導入促進
- ブルーカーボン生態系の活用
- ゼロエミッション船の研究開発・導入促進

グリーンインフラを活用した自然共生地域づくり
- 流域治水と連携したグリーンインフラによる雨水貯留・浸透の推進
- 官民連携プラットフォームの活動拡大を通じたグリーンインフラの社会実装の推進
- 都市緑化の推進や健全な水循環の確保

デジタルとグリーンによる持続可能な交通・物流サービスの展開
- ETC2.0などビッグデータを活用した渋滞対策や環状道路の整備などによる道路交通流対策
- 地域公共交通計画と連動したLRT・BRTの導入促進、MaaSの社会実装、モーダルコネクトの強化などを通じた公共交通の利便性向上

インフラのライフサイクル全体でのカーボンニュートラル、循環型社会の実現
- インフラ長寿命化による省CO_2の推進
- 建設施工分野におけるICT施工の推進
- 革新的建設機械の導入拡大
- 道路照明のLED化やダムへの再エネ導入、下水道などインフラサービスの省エネ化

「国土交通グリーンチャレンジ」の重点プロジェクトの主な内容
（出所:国土交通省の資料を基に日経クロステックが作成）

国交省では環境行動計画に基づいて、ＧＸに資する取り組みを既に各局でまとめて推進している。例えば港湾分野ではカーボンニュートラルポート（ＣＮＰ）の実現に向けて、形成計画の作成を推進し、実証事業などを進める。

なかでも注目度が高いのが、建設材料の脱炭素化だ。国の試算によると、全産業に占める建設分野の二酸化炭素（CO_2）の排出量は13％程度。そのほとんどは鉄やセメントといった材料の製造時に排出されている。建設材料の脱炭素化では、特にコンクリート分野で技術開発が目覚ましい。例えば、２兆円に上るＧＩ（グリーンイノベーション）基金などを使って、CO_2を固定するコンクリートの開発・実装が進んでいる。

同事業を担う新エネルギー・産業技術総合開発機構（ＮＥＤＯ）は２０２２年１月、CO_2を用いたコンクリートなどの製造技術の開発プロジェクトについて、「CO_2排出削減・固定量最大化コンクリートの開発」など４つのテーマで、開発や実証に取り組む企業を決定した。２０３０年度まで継続的に企業を支援する。

委託先の１つで、鹿島、デンカ、竹中工務店の３社が幹事を務めるコンソーシアム「ＣＵＣＯ（クーコ）」は、CO_2排出量を実質ゼロ未満にできるコンクリート製の型枠「ＣＵＣＯ-ＳＵＩＣＯＭ（クーコスイコム）型枠」を開発。国交省のトンネル工事で、埋め込み型枠として適用した。

クーコスイコム型枠は、鹿島などが開発したコンクリートのCO_2削減・固定化技術「CO_2-ＳＵＩＣＯＭ（シーオーツースイコム）」を改良して、固定化の効果をより高めたものだ。

◉ 建設業界の二酸化炭素排出量は1割強

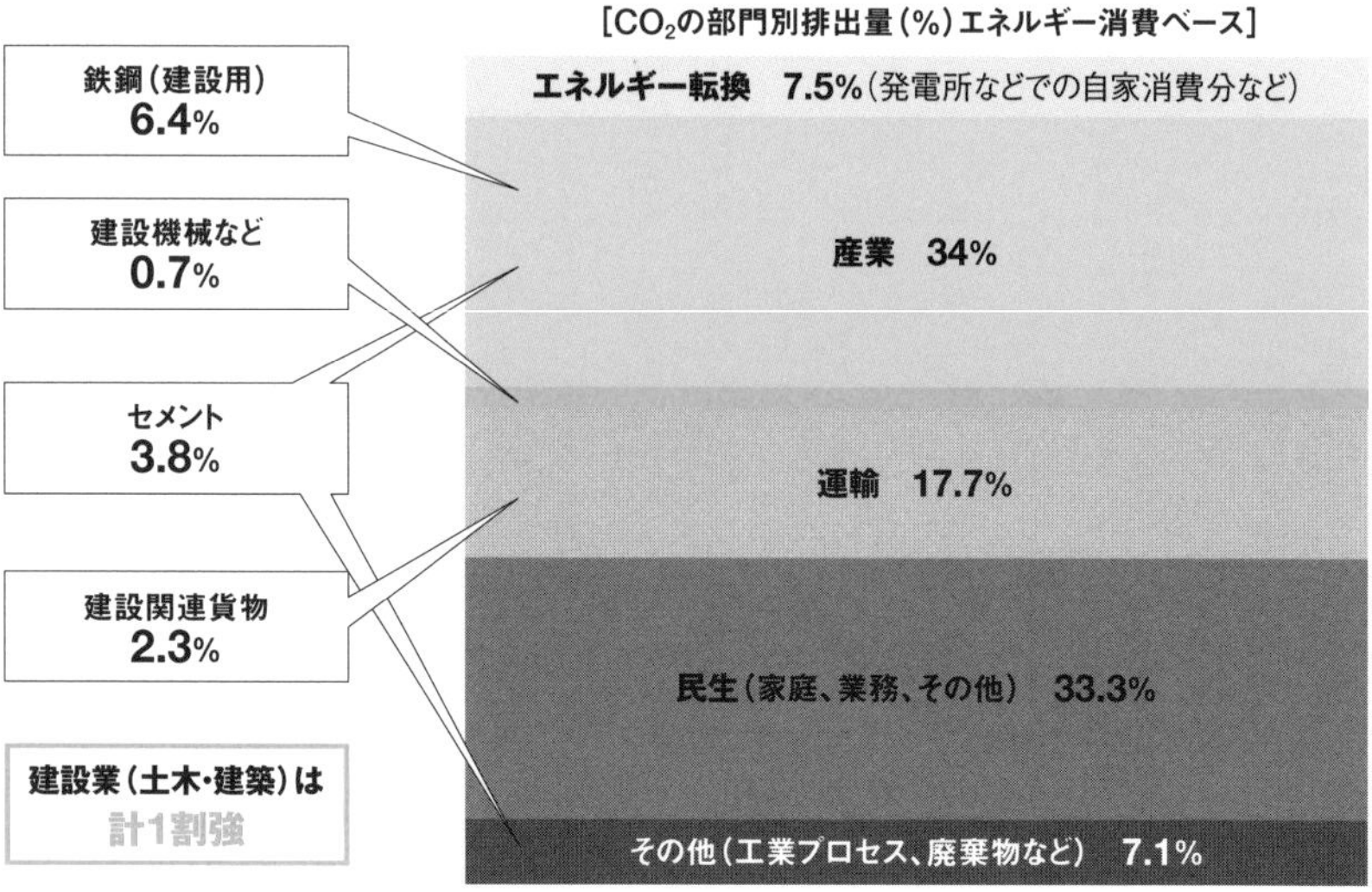

数値は統計からの試算値(出所:国土交通省)

◉ 技術の組み合わせでカーボンネガティブへ

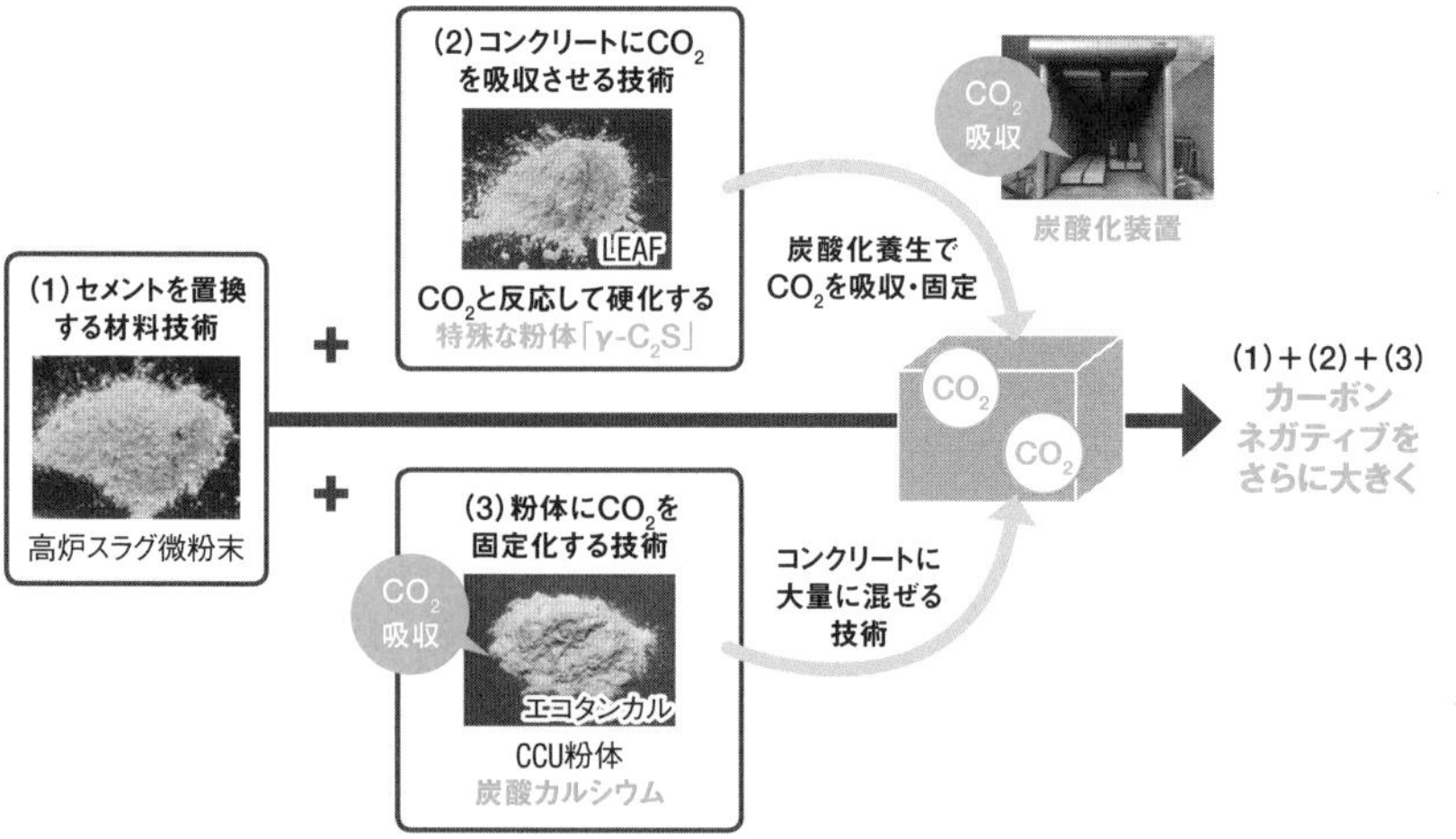

CUCO-SUICOM型枠に用いるコンクリートの概要図(出所:鹿島)

セメントの一部を高炉スラグ微粉末に置き換えてCO_2排出量を削減するとともに、特殊な混和剤を使ってコンクリートを炭酸化養生しCO_2を吸収・固定する技術が、シーオーツースイコム。それに、CO_2を固定した炭酸カルシウムの粉体を混ぜ合わせた。CO_2の実質排出量が１立方メートル当たり、マイナス62kgでカーボンネガティブを実現した。

CO_2固定技術の開発や実装は大手だけの独擅場ではない。地方の建設関係者も参画している。海外で先行する技術を輸入して、実装しているのが、會澤高圧コンクリート（北海道苫小牧市）だ。カナダのCarbonCure Technologies（カーボンキュアテクノロジーズ）とライセンス契約を結んで、練り混ぜ中のコンクリートにCO_2を噴射して固定する技術を、２０２１年に国内で初実装した。産業用ガス大手のエア・ウォーターと提携してCO_2の供給体制を整え、２次製品プラントと生コンプラントを持つ工場へ導入した。

入札でCO_2削減策が評価される

建設工事などの入札では、カーボンニュートラルに資する取り組みにインセンティブを付与する制度が導入されつつある。例えば、北海道は２０２２年度から「北海道インフラゼロカーボン試行工事」に取り組んでいる。施工者は工事の着手前にCO_2の削減策を記載した計画書を提出。その実施内容に応じて、工事完了後に成績評定の「社会性」の項目で加点を受ける。低燃費型の建機の使用や、現場内に設置したソーラーパネルによる電力の活用などが評価対象だ。

その他、国交省中部地方整備局は２０２１年度に「カーボンニュートラル対応試行工事」を始めた。入札参加企業がCO_2の削減目標などを示して第三者機関の認定を取得している場合や、低炭素型の建機による施工実績を持つ場合に、「企業能力」の項目で加点する。また、脱炭素を進める方策を技術提案として求める。

既に海外では同様の指標の導入が進んでいる。オランダは、企業などの脱炭素の取り組みを５段階で評価する「CO_2パフォーマンス・ラダー」という仕組みを活用。企業の評価ランクに応じて、実際の入札価格よりも１～５％低い金額で札を入れたものと評価して、落札者を決める仕組みを一部で導入している。脱炭素に取り組む企業ほど、高い金額で工事を落札できるわけだ。

工事で使用する製品や材料の生産から廃棄までに生じる環境負荷を計算して、落札者の選定で考慮する制度もある。まだこれらの制度が標準化されるかどうかは定かではないが、標準化されれば入札で死活問題になる。今から環境技術を保有する企業などとの連携を考えておくに越したことはない。

スタートアップ立国戦略で提携の幅が広がる

先述した「新しい資本主義のグランドデザイン及び実行計画」でもう１つ忘れてはならないのが、スタートアップ企業の育成だ。同計画では国内スタートアップ企業への５年後の投資額を現状の10倍超となる10兆円にする目標設定を盛り込んだ。

◉ 脱炭素に関する取り組みの実績や技術提案を評価する

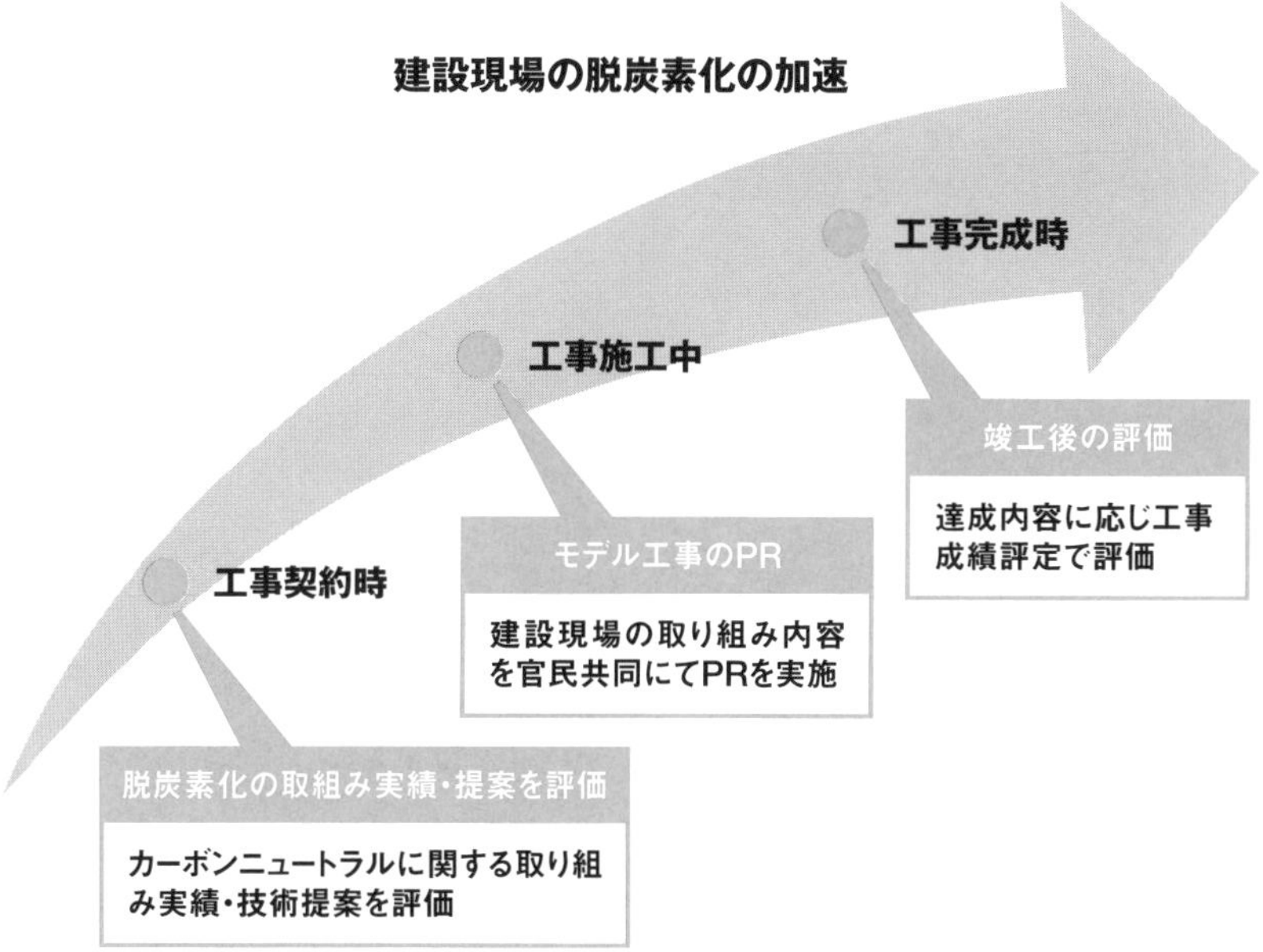

「カーボンニュートラル対応試行工事」のイメージ(出所:国土交通省中部地方整備局)

背景には、日本の国際競争力が海外に比べて低下し続けている問題がある。国内経済をけん引するスタートアップ企業の規模は海外と比べて格段に小さい。国内スタートアップ企業のうち、時価総額10億ドル超の非上場企業を指す「ユニコーン企業」の時価総額の合計値は、米国の２００分の１にも満たない。大幅な投資がスタートアップ企業に対して実施されなかったことが理由に挙げられる。

そこで国は２０２３年以降、新たな産業の育成や雇用の創出に向けて、「スタートアップ立国」に大きくかじを切るよう支援を進めていく。自民党が岸田首相へ２０２２年11月に出した提言では、５年後にユニコーン企業を１００社にすることやスタートアップ企業を10万社創出することを主な目標に掲げている。優秀な人材が今よりもスタートアップ企業に流れていく可能性が高く、そういった企業と技術開発などで組むケースは今後増えるだろう。

そんなスタートアップ企業と建設産業とは、実は親和性が高い。

「スタートアップ企業は差し迫った課題を解決することに向いている。建設業界には重層下請け構造や低い生産性をはじめ、分かりやすい課題が多い。ＤＸが他業界と比べて遅れている点から見ても、スタートアップ企業が活躍できる余地は十分にある」。スタートアップ企業などへの投資を積極的に手掛けるデライト・ベンチャーズの渡辺大マネージングパートナーはこう語る。

これまで建設業界内や関連する業種が連携・合併の対象だったかもしれないが、今後はスタートアップ企業も有力な候補となりそうだ。実際に建設３Ｄプリンターの開発を手掛けるスタートアップ企業の Polyuse は、全国の地方建設会社と取り組みを密に進めている。現場での実証を経

◎ ユニコーン企業の数は米国や中国に対して大きく見劣り

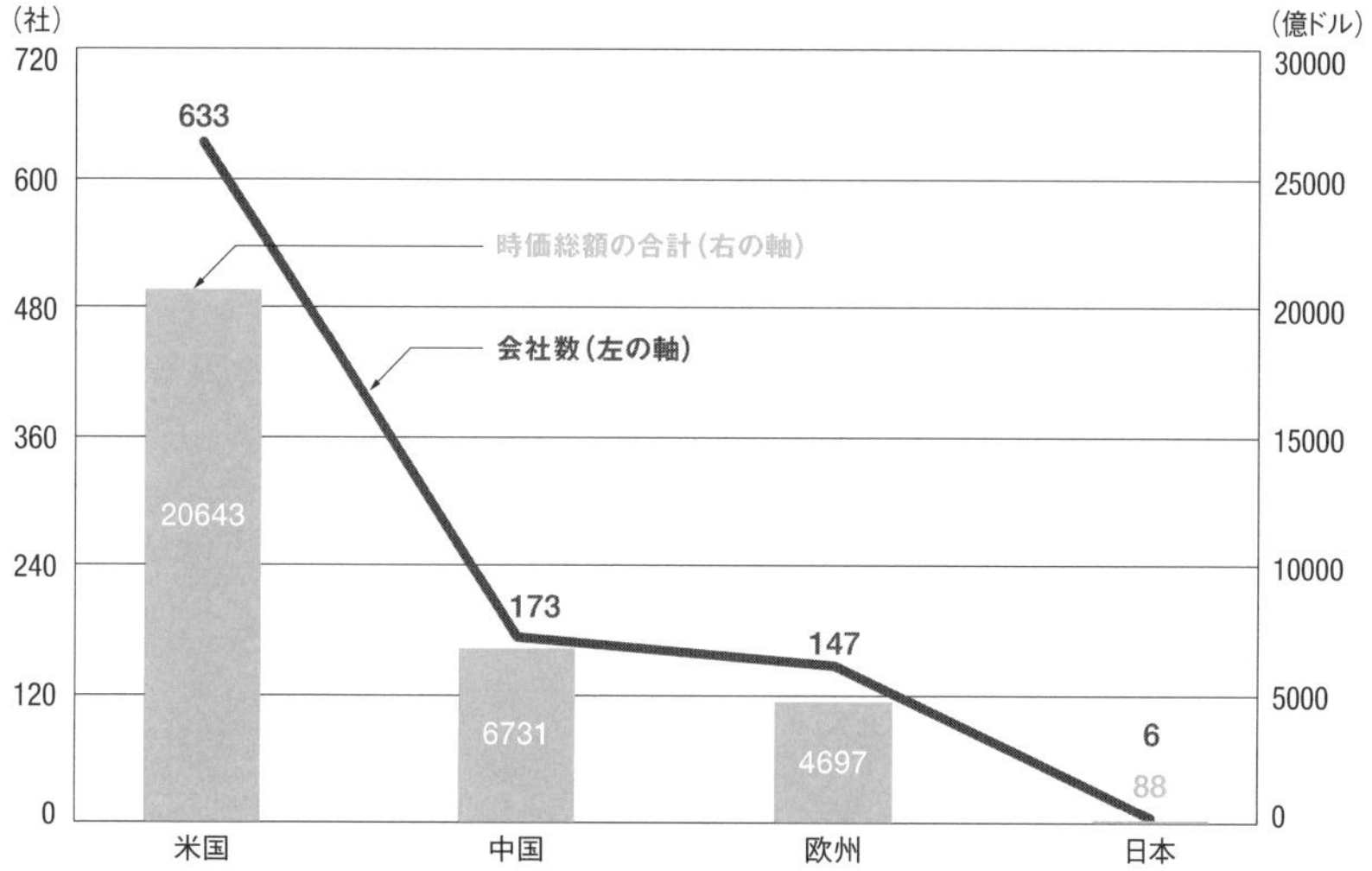

2022年7月27日時点におけるユニコーン企業（時価総額10億ドル超の未公開企業）の数の国別内訳（合計959社）。
時価総額は、CB Insightsの推計値（出所：CB Insights「The Complete List Of Unicorn Companies」を基に内閣官房が作成）

て、スタートアップ企業はさらなる技術の改善に、地方の建設会社は生産性向上に、それぞれつなげており Win-Win の関係にある。

スタートアップ企業の育成で重要になるのが、ＥＸＩＴ（出口戦略）だ。簡単に言うと、出資者がこれまで資金調達で支援してきたスタートアップ企業に対して、利益を回収することを意味する。その手段として、ＩＰＯ（新規株式公開）やＭ＆Ａが積極的に行われるようになる。

日本では残念ながら、スタートアップ企業に対するＭ＆Ａの件数は現時点で少ない。経済産業省が三菱総合研究所に委託した調査研究によると、２０１８年時点でスタートアップに対するＭ＆Ａの件数は米国と比べて１００分の１程度だ。ただ、出口戦略が整わなければ起業も増えないため、スタートアップ立国を目指すならば、出口戦略のＭ＆Ａも今後増えるとみられる。

「建設業は請負」のイメージから脱する

建設産業の新しい動向を語るうえで、忘れてならないのが、ＰＰＰ（官民連携）によるインフラ運営の視点だ。多くの建設会社や建設コンサルタント会社は、公共事業を請け負ったり、受託したりすることを事業の主軸にしている。しかし、発注者は財政難や技術者不足で、老朽化するインフラの維持管理・更新などを従来通りのやり方では対応しきれなくなってきた。

そこで国などが注目しているのが「民間のノウハウ」だ。一般に、これまで発注側が対応していた運営や維持管理などの仕事を民間企業に委ねることで、民間のノウハウを生かしたより効率の良い事業を展開できるようになるといわれる。

きっかけは２０１１年のＰＦＩ（民間資金を活用した社会資本整備）法改正だ。公共機関が公共施設の所有権を保有し続ける一方、民間に運営権を委ねるコンセッション（公共施設等運営権）方式を導入できるようになった。空港を中心に上下水道や道路、工営水力発電、工業用水道など様々なインフラ分野で実績を上げている。前田建設工業、東急建設をはじめ、地方の中小建設会社が参画するなど、多くの建設会社が注目している。

コンセッションなどは民間事業者が基本的に施設の利用料金を使って事業を運営する。運営権に抵当権を設定できるので、金融機関から融資・投資を受けて大規模な事業を実施しやすい。対して、公共側は民間事業者から運営権の対価を得るため、安定的な収入を確保できる。

包括的民間委託や指定管理者など、他のＰＰＰ手法に比べて、事業期間が平均20年程度と長期化する点も特徴だ。事業収益を高めるには、積極的な設備投資による事業の効率化が欠かせない。短期の契約では投資したコストの回収が難しいので、長期契約となる傾向がある。

三井住友トラスト基礎研究所の福島隆則ＰＰＰ・インフラ投資調査部門長は、「上下水道などインフラ分野のコンセッションは、景気変動による振れ幅が比較的少ない。参画する民間事業者は、長期的な視点で安定的な収益を見込める」と話す。

海外に目を向けると、こうした安定収益をもたらす点に着目し、コンセッションを建設請負に並ぶ事業の柱に据える建設会社がある。フランスの大手建設会社のＶＩＮＣＩ（ヴァンシ）が代表例だ。売上高に占める割合は少ないが、コンセッションの利益率は建設などとは桁違いに高い。

◎ 全国で進むコンセッション

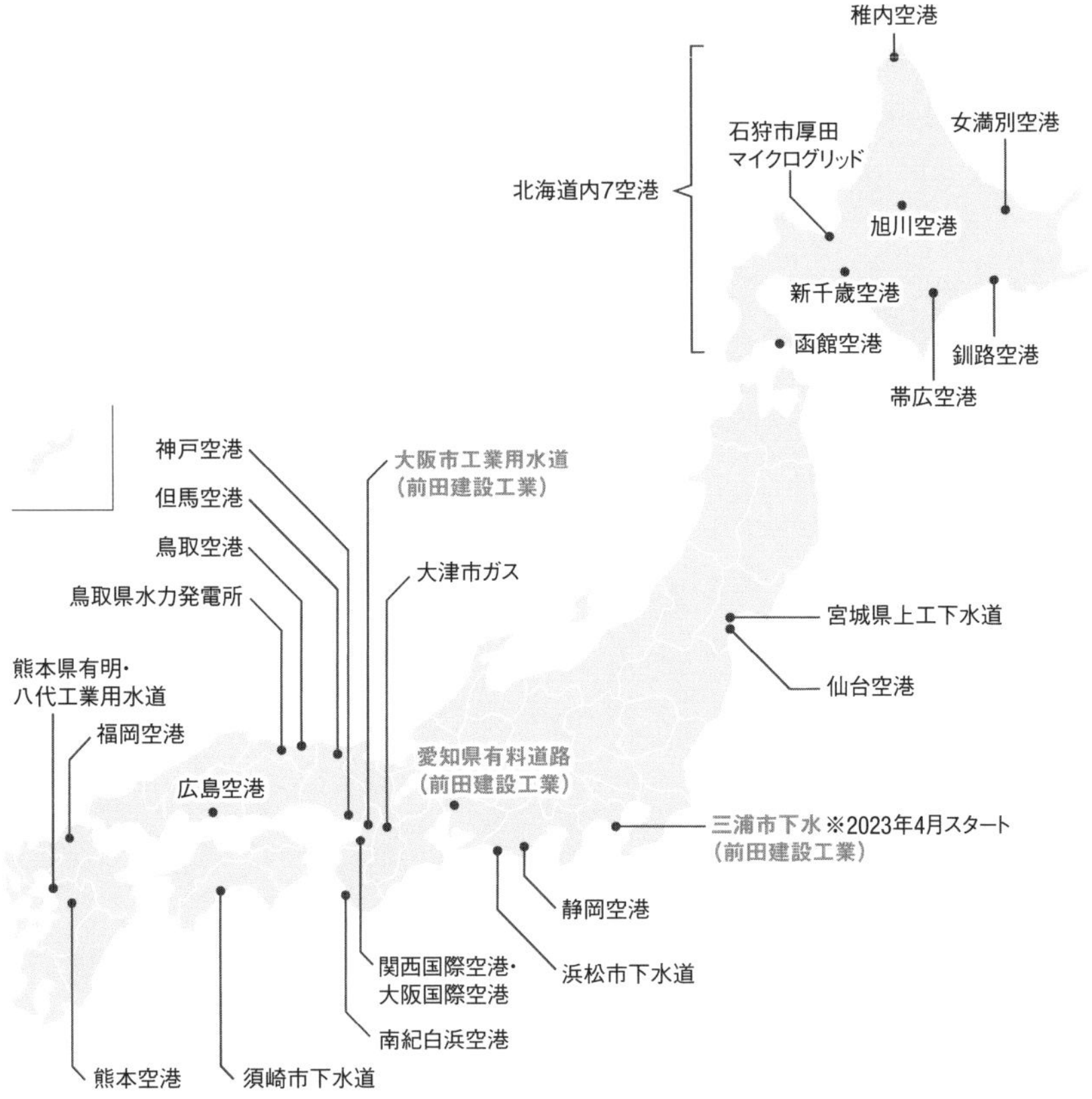

全国のインフラ分野の主なコンセッション事業。前田建設工業は3事業で代表企業を務める
（出所：内閣府の資料を基に日経クロステックが作成）

ＰＰＰ／ＰＦＩの提案が入札のインセンティブに

コンセッションの対象はダムや道路などインフラであるため、建設関係者になじみがあるかもしれないが、そのまま参画するのは危険を伴う。例えば、建設会社はこれまで施工力が重要で、それを磨いてきた。しかし、コンセッションなどでは、マネジメント能力や維持・運営能力が求められるからだ。加えて、金融機関や機電メーカー、自治体の経験者といったように、従来と異なる人材も不可欠になる。そういった人材を採用するなど自社で対応できなくはないが、Ｍ＆Ａで機能を拡充させることが手っ取り早い。同業他社だけではなく、事業の上流側や下流側の建設業の枠を超えた企業との連携も視野に入れたＭ＆Ａが必要になりそうだ。

ＰＰＰ／ＰＦＩの導入件数は新型コロナウイルス感染症の拡大で減少したが、ここ10年でほぼ右肩上がりで増加。２０２１年度で累計９００件強に上る。国はこの動きを加速させる方針だ。２０３１年度までの10年間に30兆円規模のＰＰＰ／ＰＦＩを事業化する目標を示した。特に２０２２年度から5年間を重点実行期間と定め、支援策の拡充や重点的な投入を実施する。

内閣府は２０２２年11月、民間企業がＰＰＰ／ＰＦＩ事業を提案して、その事業が発注された場合、入札時に加点する制度を創設した。インセンティブを与えることで、ＰＰＰ／ＰＦＩ事業に注力する企業が増える可能性がある。

2

chapter5

今どきの建設M&A事例

増えるIT系企業とのM&A

大手建設会社・準大手建設会社を筆頭に積極的なＭ＆Ａを推進しており、縮小する国内市場を背景に、各社の成長戦略は「Ｍ＆Ａ戦略」を軸に遂行されている。背景には、国内市場における「少子高齢化による人口減少」並びに「公共工事の財源縮小」が大きく影響しており、国内の建設会社が生き残るためには生産性の向上を狙ったＤＸと海外進出が必要不可欠となっている。

建設会社が同業ではなく、建設現場の生産性向上を狙ってＩＴ（情報通信）企業を買収するケースが近年増加傾向にある。10年前は年に１、２件程度だったが、２０２１年度は11件、２０２２年度は12件と10倍近い件数のＭ＆Ａが成立している。大手・準大手においても社内インフラのＤＸが他業界と比較して遅れており、ＩＴ人材の確保と社内環境の改善から着手している建設会社も多い。業界全体のＤＸはまだスタートしたばかりである。

ＩＴ企業とのＭ＆Ａの狙いは大きく分けて、社内インフラの構築と、建設現場のＤＸ推進の２つだ。国内の建設各社のＤＸに絡むＭ＆Ａ戦略はこれから本格化していくと想定されるが、ＩＴ企業を内製化した企業との差が今後どのような形で表れてくるのかは注目すべきポイントとなる。

また、地方企業においては、公共工事の入札要件にどの程度影響してくるかによって、今後の受注状況に大きな差が出るだろう。先行したＤＸ投資や、社内でのＩＴリテラシーを保持した人材の拡充が10年後、20年後の事業継続に大きく影響すると考える。近年の主だったＤＸ系のＭ＆Ａについて以下に紹介する。

1 飛島建設によるアクシスウェア買収（２０２１年２月）

準大手建設会社である飛島建設はアクシスウェア（東京・中央）の全株式を取得し、２０２１年2月に子会社化した。飛島建設は土木・建築工事を主事業として、コンピューターを利用した情報処理並びにハードウエア・ソフトウエアの開発、電気および熱などのエネルギーの供給などの事業も展開しており、事業の多角化を進めている。

一方で、アクシスウェアは、２００６年に設立され、システム開発から運用保守まで一貫したＩＴサービスを提供するＩＴアーキテクトファームだ。譲り受けには高い技術力を活用し、建設業界のＤＸの導入を加速していく狙いがあった。

国土交通省が主導して、「ＣＣＵＳ（建設キャリアアップシステム）」を２０１９年より運用を開始。また、２０２１年3月には「建設現場の遠隔臨場に関する試行要領（案）」が示され、今後、公共事業での工事進捗確認や品質検査などに「遠隔臨場」を適用していく方針が発表された。

そんな中、建設現場を熟知した飛島建設とＩＴの知見を有するアクシスウェアなどがタッグを組み、「建設ＤＸトータルサポート事業」を展開し、建設現場の生産性向上を実現するための「Ｉ

◉ 双方向の会話による建設現場の環境に適したITサービス

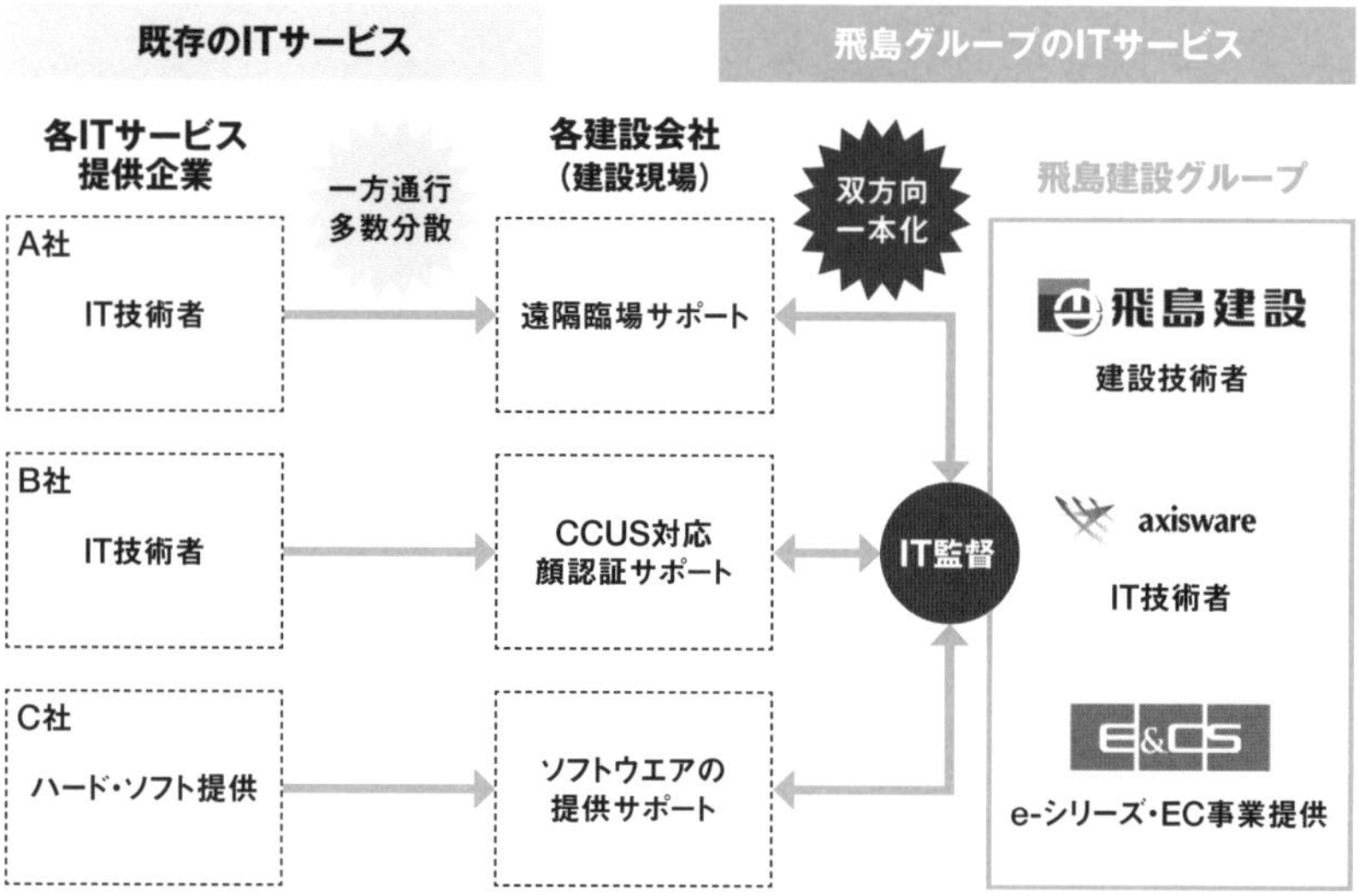

飛島建設と、グループ会社のアクシスウェア、E&CSとで連携して建設現場のIT対応をワンストップで支援する「建設DXトータルサポート事業」のイメージ（出所：飛島建設）

Ｔ監督」や「建設ＩＴシステム（ｅ－シリーズ）」をリリースした。

飛島建設がＩＴサービスを提供する背景としては、従来のＩＴサービスでは高度なＩＴリテラシーが求められ、現場やバックオフィスのスタッフに浸透しづらい環境下であったことが課題となっていた。そのため、現場の課題感を理解した建設会社の立場でサービスを提供して、ＤＸを加速させる狙いがある。従来では想定できなかった建設業界のＭ＆Ａ事例の１つとなっている。

2 前田建設工業によるリアルテック買収（２０１９年12月）

前田建設工業は２０１９年12月、リアルテック（東京・千代田）の株式を取得し、子会社化した。リアルテックは、メーカーや官公庁などを中心としたクライアントに、監視制御や通信ネットワークなど多彩なシステムを提供している受託開発会社だ。小規模ながら提案設計といった上流工程から、プログラミングや稼働サポートといった下流工程までをトータルに手掛け、高い技術力を有している。

小規模ながら技術力のあるＩＴ企業をグループに迎え入れることで、建設現場や社内インフラの構築を加速させていく狙いがあった。ＡＩ（人工知能）を活用してインフラ構造物の劣化や寿命をシミュレーション予測するシステム、コスト・工程を「３Ｄモデル管理」と「原価管理」と「工程管理」の組み合わせで管理していくインターフェースの設計ソフトなどを開発している。建設業界における課題に対して、自社グループのリソースでスピーディーに対応していくことが可能となった。前田建設工業などを傘下に持つインフロニア・ホールディングスにとって、ＤＸ

戦略の足掛かりとして取り組んだＭ＆Ａといえる。

3 東急建設によるIndochine Engineering Limitedの買収（2020年10月）

東急グループ傘下の東急建設が２０２０年10月、シンガポールの Indochine Engineering Limited（インドシン・エンジニアリング、ＩＥＳ）の全株式を取得し子会社化した。ＩＥＳは、ＢＩＭによる設備設計・構造設計を担う企業グループで、ベトナムとオーストラリアに子会社を有しており、マネジメント・コンサルタント事業を展開。ＩＥＳのベトナムにある子会社「Indochine Engineering Vietnam JSC.（ホーチミン市、ＩＥＶ）はエンジニア約80人を擁し、アジア・オセアニア地域を中心にＢＩＭによる高度な設備設計・構造設計サービスを提供している。

東急建設は２０１７年ごろから施工時にＢＩＭ活用を推進する専門チームを組成したが、ＢＩＭに関するノウハウと技術者不足が課題だった。一方で、ＩＥＳはＢＩＭに関する高度な技術を有する多くのエンジニアを確保し、今後の事業展開として、日本国内および東急建設が展開している東南アジア諸国での受注拡大を狙っていた。東急建設によるＩＥＳ買収で、建築分野のＤＸプラットフォームとなるＢＩＭ領域のさらなる強化を進め、建設生産システムの変革を目指した。

新たな事業領域を確立させる海外系Ｍ＆Ａ

建設業界におけるＭ＆Ａ件数を見ると、国内企業が国外企業と組んで海外に進出する案件も年々増加傾向にある。海外進出を狙ったＭ＆Ａ件数が２００９年度は5件であったのに対して、２０２１年度は20件と４倍になった。

海外Ｍ＆Ａ戦略に関しては従来、各社が海外の地場建設会社をグループ化する戦略が遂行されていたが、近年においては安定収益が見込める国・市場かつ何かに特化した技術・ノウハウを有する企業に対するＭ＆Ａが積極的に行われている。例えば、鹿島グループでは、住宅開発や学生寮開発、再生エネルギー関連など、新たな事業領域における収益源を確保していくＭ＆Ａ戦略が活発化している。代表的な事例を以下に紹介する。

1 清水建設によるPerigon International Inc.(ペリゴン)の買収(2020年11月)

清水建設は、Perigon International Inc.（米ノースカロライナ州、ペリゴン）の全株式を取得し子会社化した。清水建設は建築・土木・海外建設の３つの軸で事業を展開しており、不動産開発やエンジニアリング、ＬＣＶ（ライフサイクル・バリュエーション）、およびフロンティア事業にも乗り出しており多角化している。清水建設の北米事業は、日系企業からの受注が多く、工場建設に関連するエンジニアリング領域の強化を狙ってＭ＆Ａを実施した。

一方で、ペリゴンは製造プロセスエンジニアリングを得意とし、化学・自動車関連メーカーなどを顧客に持っている売上高5億円程度のエンジニアリング会社だ。清水建設は２０１９年5月に長期ビジョン「ＳＨＩＭＺ ＶＩＳＩＯＮ ２０３０」を掲げ、「スマートイノベーションカンパニー」の実現を目指している。海外の売上高比率を現在の５％から25％まで拡大し、非建設事業の領域を35％まで拡大していく構想だ。実現のために、Ｍ＆Ａ戦略をさらに遂行していく。

2 鹿島グループによるFlournoy（フラワノイ）の買収（2017年12月）

鹿島グループの北米現地法人カジマ・ユー・エス・エーは、米国南部で賃貸集合住宅の開発・建設・運営事業を自社完結型で行うFlournoy（フラワノイ）を買収した。フラワノイは50年にわたり米国南部を中心に事業を展開し、３００戸クラスの中低層賃貸集合住宅の開発事業を中核としており、建設や賃貸、運営管理まで含めた一括サービスを提供できる強みを持っている。

鹿島グループにおける北米でのＭ＆Ａ戦略は20年ほど前から進めてきた。２００２年のHawaiian Dredging（ハワイアン・ドレッジング）、２００５年のAustin（オースティン）、２００８年のBatson-Cook（バトソンクック）とＭ＆Ａを実施。３社とも地場の建設会社だった。そして4回目となる今回は住宅系の開発会社だ。海外事業の多角化を進めていく。

3 鹿島グループによるStudent Depot（ステューデントデポ）の買収（2019年5月）

鹿島グループは欧州法人のカジマ・ヨーロッパを通じて、ポーランドの学生寮開発・運営最大手Student Depot（ステューデントデポ）の株式90％を米オークツリー・キャピタル・マネジメントから取得し子会社化した。鹿島グループとして、欧州初のＭ＆Ａとなる。

既に英国で事業展開しているＰＦＩ事業やポーランドを中心とした既存の流通倉庫事業に加え、景気に影響されにくい学生寮というプラットフォームを得たことで、収益源の多様化と安定的な拡充が期待される。

また互いに得意な分野をシナジー効果で高められる鹿島グループ外の企業との連携にも戦略的に取り組んでいる。ステューデントデポの10%の持ち分を保有する、ポーランド最大規模の不動産系投資グループGriffin（グリフィン）との連携を深めていくことで、将来的には中欧における新たな事業機会を創出し、鹿島グループの成長につなげていく狙いがあった。

これから間違いなく増えるGX系M&A

日本政府は２０５０年までに温室効果ガスの排出を、全体としてゼロにすることを宣言し、「カーボンニュートラル」の達成に向けた取り組みを多方面で行っている。脱炭素化市場は今後もさらに拡大すると考えられており、建設業界の各企業はいち早く脱炭素や省エネ技術などの技術革新に取り組み、ビジネスとしていくことで競争力や成長性を高めようとしている。

海外では、２０２０年12月に発足した脱炭素鉄鋼の調達を推進する需要家イニシアティブSteelZero（スチール・ゼロ）や、２０２２年7月に発足した脱炭素コンクリートの調達を推進する需要家イニシアティブConcreteZero（コンクリート・ゼロ）のように、従来は脱炭素化が難しいとされてきた分野でも変革が起こっている。

日本でも、この１、２年で脱炭素コンクリートの普及が進んできた。いち早く着手したのは、北海道苫小牧市にある會澤高圧コンクリートだ。１９３５年の創業以来、一貫して「コンクリート」を事業の核として展開してきた企業であり、創業１００周年を迎える２０３５年までに、温室効果ガスのサプライチェーン排出量を実質ゼロにする「ＮＥＴ　ＺＥＲＯ　２０３５」にコミットメントしている。

具体的な取り組みとして、２０２０年11月、バイオの力でひび割れを自ら修復する自己治癒コンクリートの実用化に成功。コンクリート構造物を定期的かつ大規模にリニューアルするこれまでのインフラ維持管理方法に疑問を投げかけて、将来のCO_2発生量を大幅に抑制する技術革新を起こした。彼らが保有する素材系の脱炭素化技術やブロックチェーンを使った温室効果ガスの排出量管理といった独自の取り組みを、希望する同業他社に対して包括的に技術移転するプログラム「ａＮＥＴ　ＺＥＲＯ　イニシアティブ」を開発し、２０２３年３月末までにプレキャストコンクリートメーカー50社、レディミクストコンクリートメーカー50社と技術提携を行っている。

前田建設工業も２０１８年につくばコンクリートサービス（茨城県つくば市）、ＢＡＳＦジャパン（東京・港）、ポゾリスソリューションズ（神奈川県茅ケ崎市）の協力により、混合セメントを使用した低炭素型のコンクリートを開発。茨城県取手市で建設中の当社新技術研究所、総合実験棟の床スラブの一部（施工数量：68㎥）に本格的に適用した。プレミックス化した独自の混合セメントを使用することで、一般的なプラントの製造設備で通常のコンクリートと同様の出荷を可能にした。

低炭素型のコンクリートは、セメントの大部分を高炉スラグ微粉末やフライアッシュの混和材で置き換えたコンクリートであり、二酸化炭素排出量を大幅に削減できることから、地球温暖化

會澤高圧コンクリート(北海道苫小牧市)はカナダのカーボンキュアテクノロジーズとライセンス契約を結んで、練り混ぜ中のコンクリートにCO_2を噴射して固定する技術を国内に導入。札幌菊水工場内に設置したCO_2タンク
(写真:會澤高圧コンクリート)

CO_2を固定した「H型PCパイル」(写真:會澤高圧コンクリート)

防止対策として大きく注目を集めている。

建設業界において、カーボンニュートラルを本当の意味で実現していくためには、會澤高圧コンクリートや前田建設工業のように開発した技術を業界内で技術連携していき、技術をさらに発展させスピード感を持って国内全域に浸透させていく必要がある。各社が団結して建設業界の将来を創出していく体制が不可欠だ。

他方、再生エネルギーに関する取り組みも大手建設会社を中心に活発化しており、国内・海外問わず各社の投資ターゲットも大きくシフトしている。ＧＸ系のＭ＆Ａも大手建設会社を中心に出てきた。

例えば、先述した鹿島グループのカジマ・ヨーロッパはポーランドにおいて、再生可能エネルギー発電施設開発の先駆的デベロッパーであるＰＡＤ－ＲＥＳ（パドレス）の過半持ち分（約70％）を２０２１年11月に取得。再生可能エネルギー発電施設の開発事業に参画した。鹿島グループの方針として、「社会課題解決型ビジネス」に積極的に推進していくビジョンを掲げており、再生可能エネルギー関連事業を拡大していく方針となっている。

今回、ポーランドでのＭ＆Ａは2件目となるが、ポーランドは発電の約7割を石炭火力に依存しており、同国政府はエネルギー消費量に占める再生可能エネルギーの割合を２０３０年までに最低23％にする目標を掲げている。

鹿島グループは成長市場と見込まれる同国の再生可能エネルギー事業において、パドレスを通じて、用地契約、風力・太陽光発電施設建設の許認可取得、電力販売契約および風力・太陽光発電施設の建設まで行った上で、電力会社や投資ファンドに同施設を売却していく構想を持っている。パドレスは現地の有力パートナーと共に、再生可能エネルギー事業の川上分野に取り組み、同事業のノウハウを蓄積することで、新たな収益源の獲得を狙っていく。

総合インフラサービスへの転換に向けたM&A

ＰＰＰ／ＰＦＩ事業では積極的なＭ＆Ａの動きはまだ少ないが、国内で先陣を切ってインフラサービスへの業態転換に取り組んでいる、インフロニア・ホールディングス（ＨＤ）の事例が参考になりそうだ。２０２１年10月に前田建設工業・前田道路・前田製作所の３社の経営統合を目的として設立された共同持ち株会社だ。

３社はこれまで、グループ会社として各社それぞれの強みを生かし、建築、土木、舗装、製造・販売事業およびインフラ運営事業などを幅広く展開してきた。

しかしながら社会インフラの老朽化や生産年齢人口の減少による担い手不足のさらなる深刻化、デジタル化への変革が不可避であることなどの環境下において、グループ全体として永続的成長を遂げるために「総合インフラサービス企業」を目指すべく、３社の経営統合に至った。３社を含めたグループ全体がこれまで以上に一体化し、経営資源の流動性の向上および適正配分に加え、経営の意思決定の迅速化を目指している。

インフロニアＨＤが目指すのは、請負型の事業だけに頼らない「脱請負」の事業モデルだ。請

◉ 2021年10月にインフロニア・ホールディングスが誕生

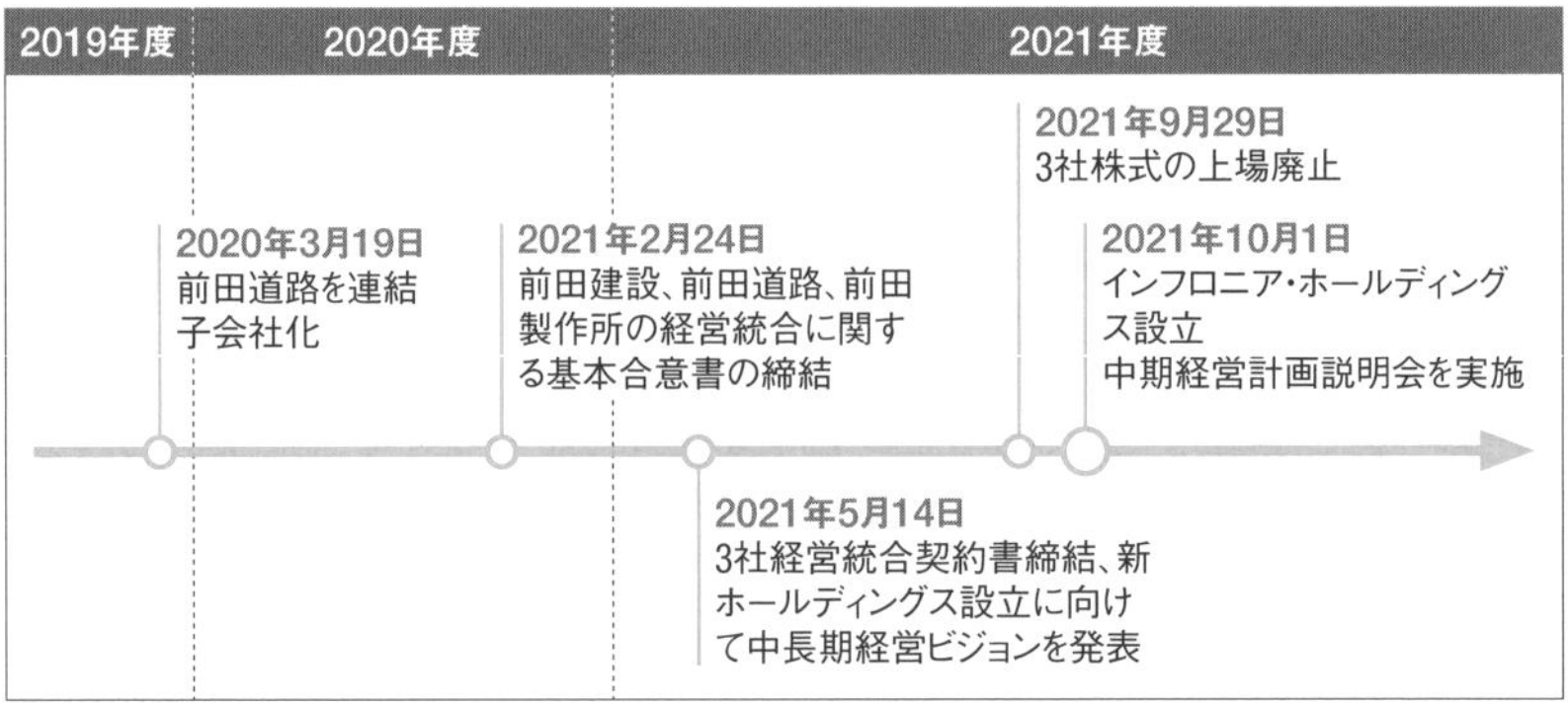

設立までの経緯(出所:インフロニア・ホールディングス)

◉ インフロニア・ホールディングスが考えるビジネスモデル

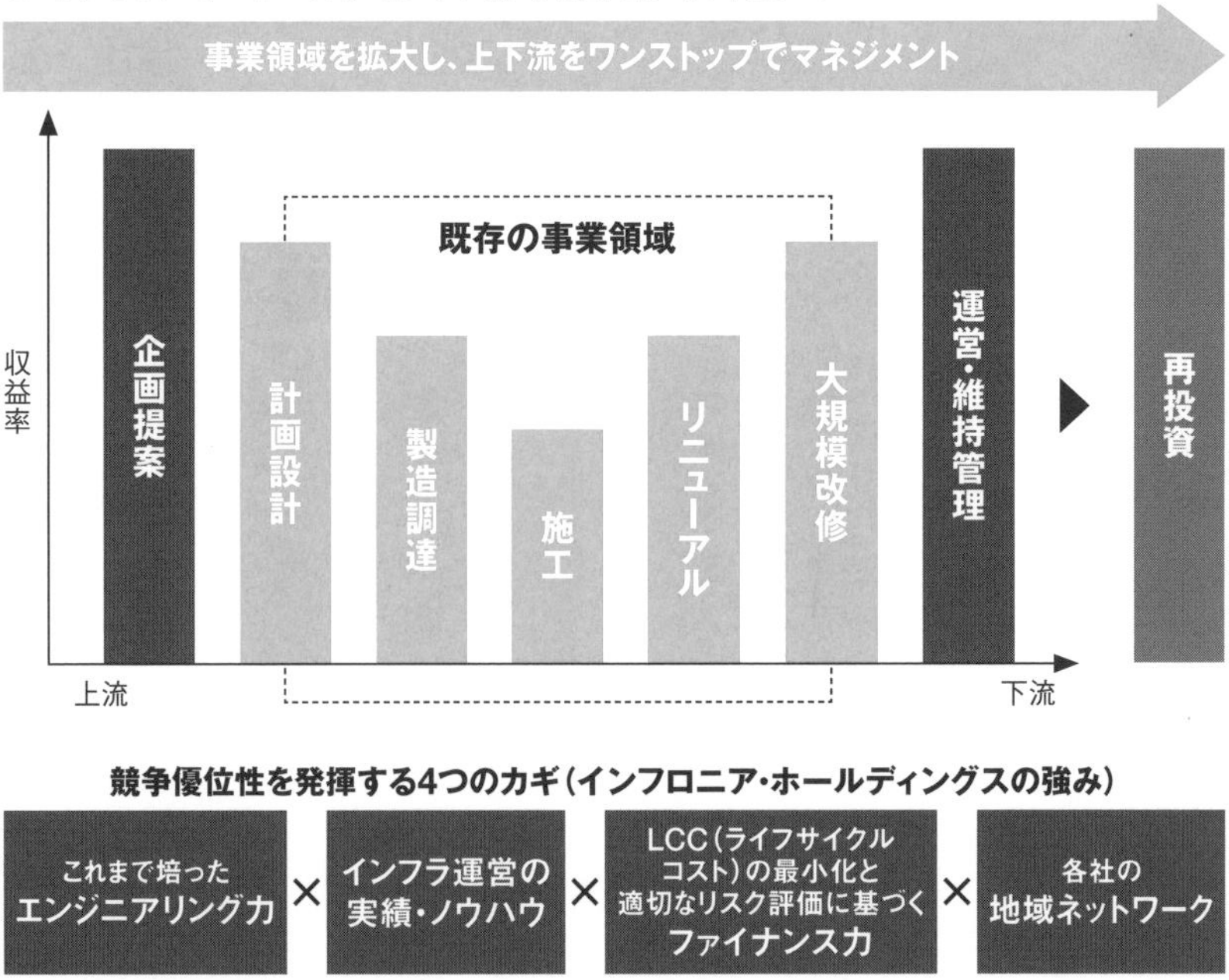

総合インフラサービス企業のモデルイメージ(出所:インフロニア・ホールディングス)

負工事を中心とする従来の建設企業から、企画設計の上流から維持修繕管理の下流までをワンストップで手掛ける「総合インフラサービス企業」への変革を目指している。

既に数多くのプロジェクトを手掛けながら、総合インフラサービス企業として体制を整えるべく、グループ各社のエンジニアリング力の結集と、積極的なＭ＆Ａによる事業領域拡大に動く。

1 愛知県の有料道路運営事業

前田建設工業を代表企業とし、森トラストや大和ハウスグループなどで、「愛知道路コンセッション（ＡＲＣ）」を設立し、２０１６年10月から愛知県道路公社が管理する愛知県内の有料道路８路線72・５キロメートルの維持管理・運営業務を手掛けている。

有料道路のコンセッション事業としては、国内初のプロジェクトだ。コンセッションとは、高速道路、空港、上下水道などの料金徴収を伴う公共施設などについて、施設の所有権を発注者である公共機関に残したまま、運営権を民間事業者に設定する方式。国内では２０１５年の法改正によって、公社管理道路の民間事業者による運営が可能となった。

コロナ禍で交通量が大きく落ち込んだものの、交通量の需要変動に対して「プロフィット・ロスシェアリング」と呼ぶ仕組みを採用していたことなどが奏功して、開業以来の黒字経営を続けている。

前田建設工業は有料道路の維持管理・運営事業を担うことで、これまで得られなかった道路運用に関するあらゆるデータや知見の獲得が可能となった。そこで得たデータなどを生かして、適切な道路の維持・修繕計画の立案に役立てている。また運用道路の周辺地域の活性化にも取り組んでおり、イベントの開催やパーキングエリアのリニューアルなどを積極的に進めている。

2 大阪市の工業用水道特定運営事業

２０２２年には、大阪市の工業用水道運営事業の運営を開始した。水道管路は国内のインフラの老朽化が進む中で、特に状況が深刻だ。水道管路は、法定耐用年数が40年であり、高度経済成長期に整備された施設の更新が進んでいない。そのため全国の水道管の約２割が法定耐用年数を超えているといわれており、老朽化を原因とする漏水・破損事故が相次いでいる。

そのような課題を抱える水道運営事業を、前田建設工業を中心に設立した「みおつくし工業用水コンセッション」が担う。日本工営やＮＴＴ西日本、東芝インフラシステムズと協業し、管路の状態監視保全システムを構築。大規模漏水の未然防止や管路の長寿命化の実現を進めている。

インフロニアＨＤのインフラ運営事業の売上高は１８７億円（２０２２年3月期）と、全体売上高６８２９億円に対して２・７％にとどまっている。しかしながら営業利益では61億円と、全体３７５億円に対して16・３％を占めている。インフラ運営事業が、従来の建築工事事業や土木工事事業などを大きく上回る利益率となっており、新たな収益基盤となりつつある。さらにインフラ運営事業を手掛けることによって建設工事の利益も獲得できており、事業同士で相乗効果を発揮して、グループとしての事業成長にも寄与している。

インタビュー

「脱請負」で足りない機能をM&Aで補充

インフロニア・ホールディングス 岐部一誠社長

岐部 一誠（きべ・かずなり）

1961年生まれ。熊本大学工学部土木工学科卒業。86年前田建設工業入社。経営企画担当として数々のインフラ運営事業に携わる。2021年10月からインフロニア・ホールディングス取締役代表執行役社長兼CEO（写真:日経クロステック）

――なぜサービス業への転換が必要だと考えているのか。

世界の動きを見ると分かりやすい。例えば、サービス業が経済をけん引している米国では、大手の建設会社がなくなり、中小産業化した。主力がものづくり業からサービス産業へと転換していったのだ。

ＥＵ（欧州連合）は統合時に参入障壁がなくなったため、再編が行われた。結果的に請負だけでなくサービス産業に特化する企業が多くなった。欧州の建設会社のトップ10を見ると、コンセッションやエネルギーに注力している企業が並ぶ。

日本はまだその流れが起こる夜明け前の状況だ。ただ業界全体で危機感が共有されていないように思う。

前田建設工業は２０００年代の初めから、請負だけでなくコンセッションやインフラ投資などを通じて、一気通貫のプロジェクトを実施していかなければ生き残れないと考え、会社をそういう風に仕向けてきた。プロジェクトを遂行していくうえで自分たちにない機能は自ら育てるかＭ＆Ａで補完するしかない。

その一環として２００２年から交渉を始めたのが東洋建設だ。前田建設工業は海上の領域が強くなかったため、同年7月に東洋建設と業務提携を締結。その後、２００３年10月に持ち分法適用会社とした。当時、不況に伴う企業の救済策として、業界再編で幾つものＭ＆Ａが実施されたが、そのほとんどは銀行主導だったと記憶している。銀行が主導せずに実施したＭ＆Ａは前田建設工業と東洋建設の案件ぐらいではないか。

――２０１１年のＰＦＩ法の改正で、国内でもコンセッション方式の事業が幕を開けた。10年たってどうか。

開発や投資、ＥＰＣ（設計・調達・施工）、工事など、20～30年間インフラを運営して、場合によってはＥＸＩＴ（出口戦略）していく。合法的にそのビジネスができるようになった。

そしてこの動きをさらに加速させるものが、ＤＸ（デジタルトランスフォーメーション）だと考える。ＤＸには巨額の投資が必要で、そのためにはある程度、会社の規模の論理が必要になる。請負以外のサービスに参入しようとか、デジタルを使って会社を変革させようとか、新しいビジネスモデルを作ろうとかいった場合、１社だけで投資は難しい。そのため連合でやっていくことが重要だ。

２０２１年10月に発足させたインフロニア・ホールディングス（ＨＤ）は、持ち株会社制を取っている。シナジーが出る部分は共有しながら、各社は自らの仕事を一生懸命にこなす。言い換えれば、事業会社に対して持ち株会社が求心力を持ち、各事業会社が遠心力を生かしてそれぞれの事業を広げていく。一見矛盾しているが、この求心力と遠心力のバランスが全体の成長を生み出す原動力と考えている。

求心力を強め過ぎると、事業会社が言われたことしかやらなくなる。ある程度自由に仕事をしてもらう環境をつくらないと活力は生まれない。中小企業などにとって参考になるのではないか。

前田建設工業と前田道路との関係では、今まで遠心力が強かった。持ち株会社にして、新しいビジネスモデルで協働する求心力を強めようとした。前田道路の一部の役員はＴＯＢ（株式公開買付）に反発したが、社員の大多数は賛同していた。現在は「親子」ではなく「兄弟」として良好な関係を築いている。

今後もインフラ総合サービス企業を目指して、必要な機能の拡充や成長戦略で思いを同じにする人がいれば、Ｍ＆Ａを通じて一緒にやっていきたいと思っている。

——残念ながら、ＴＯＢによる東洋建設の完全子会社化は頓挫してしまった。

東洋建設へのＴＯＢの目的は前田道路と同じだ。不成立後も、20％の株式を保有する持ち分法適用会社であることに変わりはない。20％の株主という関係でＰＰＰ（官民連携）や脱請負でシナジーを目指す。港湾部門でこれからＰＰＰなどの市場が出てくるはずだ。

――東洋建設へのＴＯＢでも見られたが、最近、建設業界でアクティビスト（物言う株主）の介入が目立つ。

建設業界がきちんとした成長戦略を株主やマーケットに説明できていないのだろう。ＰＢＲ（株価純資産倍率）が低いため、アクティビストに狙われる。ある意味、自分たちの責任だ。ただし、海外では敵対的買収をルール上禁じている国もあると聞く。日本も国を挙げてその辺りを考えるべきではないか。

――先ほどＤＸの話が出たが、最近はコンセッション事業などでデータに立脚した経営の実現に向けてアクセンチュアと、道路運営事業のＤＸではＮＴＴドコモと、それぞれ協業している。今後も必要に応じてＤＸで異業種と連携をしていく予定はあるか。

道路や空港、水道などのコンセッション事業で、業務プロセスにデジタル技術を最適に組み合わせて、業務の効率化・高度化を図るシステムを世界中で探していた。もともとはそのようなシステムがあれば借りるか買うかする予定だった。しかし、結論から言うと、データが足りずに実践できているところはなかった。そのため、アクセンチュアと締結して「インテリジェント・オペレーション」への変革を加速させている。

具体的には、インフロニアが特に強みを持つインフラ運営事業などに、アクセンチュア独自の業務知見やオフィス業務の自動化ツール群を体系化したプラットフォームであるSynOps（シノプス）を導入する。

業務の効率化などルールチェンジを視野に入れたデータの取得の仕方も考えねばならない。２０１６年からコンセッションで関わり始めた愛知県の有料道路事業では、倉庫１棟分ぐらいの紙の資料を提供してもらったが、解析に必要なデータが足りなかった。データは自動で吸い上げられることが望ましい。そこでＮＴＴドコモと連携して、データを自動で収集する仕組みを模索している。

ＤＸの理想は、いつの間にかデータを吸い上げられて解析し、リコメンドされることだ。通行量や車線数によって、どこを優先的に修繕すべきかが分かるようになることを目指す。そういった技術を保有するベンチャー企業やスタートアップ企業はＭ＆Ａの対象になる。

最後に、中堅・中小の建設会社における今後のＭ＆Ａ戦略の傾向も示しておく。まだまだ先が見えない状況であり、ＤＸなどのキーワードは認識していても、現場レベルで必要性を感じる段階に達している企業は多くない。なぜならば、人材不足と高齢化という致命的な問題を解決することが急務であり、ＤＸ戦略、海外戦略を遂行する余裕は到底ないのが実情だ。

そこで昨今見られるのが、全国展開の中堅建設会社のグループになるケースだ。本来ならば買収側だったはずの地場大手の建設会社が譲渡側に回り、自社の成長戦略を大手建設会社のリソースを活用して遂行する方針に舵を切っている。今後ますますこの流れは強くなると思われる。

また、公共工事における入札要件にＩＴ要件が組み込まれるようになっており、ＩＴ投資が不十分な企業やＩＴリテラシーが低い企業にとって喫緊の課題になりつつあり、大手傘下に入ることで総合的な課題解決につながっていることが想定される。大手建設会社としても、地場優良企業の争奪戦に勝ち残れるかどうかが国内市場で生き残るための有益な手段であり、国内Ｍ＆Ａへさらに注力していく全国展開の建設会社がこれからさらに多くなると予測されている。

以下、全国展開する建設会社がここ最近で地場大手を買収した事例を紹介する。

1 戸田建設による昭和建設の買収（2021年11月）

戸田建設が茨城県の地場大手建設会社、昭和建設（茨城県水戸市、２０２１年３月期売上高91

億円、純資産36億４０００万円）の全株式を取得し子会社化した。

戸田建設としては、茨城県での事業基盤強化を進めるなかで、茨城県内でトップクラスに位置する昭和建設をＭ＆Ａするのは必然であり、大手建設各社がＤＸや海外を軸としたＭ＆Ａ戦略を遂行するなか、堅実に国内シェアの確保に成功している。

2 戸田建設による佐藤工業の買収（2019年1月）

戸田建設が、福島県の総合建設会社である佐藤工業（福島市）の株式を取得し子会社化した。佐藤工業は福島エリアで事業を展開する総合建設会社であり、２０１８年3月期の売上高は１０９億円、純資産は82億１７００万円。戸田建設としては、国内建設市場にシェア確保を進める上で、東北の玄関口であり、福島県の地場で売上高トップの企業を傘下に収めることで、今後東北エリアでの圧倒的な存在感を持つことになると想定されている。

3 高松建設による大昭工業の買収（2021年2月）

高松コンストラクショングループは傘下の高松建設を通じて、地場建設会社の大昭工業（大阪府高槻市、売上高30億４０００万円、経常利益３億４１００万円）の全株式を取得し子会社化した。大昭工業は１９２６年に創業し、大阪府北摂・高槻地域で店舗、工場、マンションなどの建築工事で実績を積んできた。高松建設は本拠地である関西地場の優良企業を傘下に収めることで、関西エリアでの盤石な基盤強化につながり、他の建設会社との競争優位性を確保できる。

執筆者紹介

清水 貴章（しみず・たかあき）

業種特化事業部　建設業界専門グループ

新潟県出身。青山学院大学経済学部卒業後、損害保険ジャパン株式会社にて保険代理店向けのコンサルティング営業に従事し、2021年に日本M&Aセンターに入社。現在、建設業界専門グループに所属し、建設業界の中堅・中小企業のM&Aを支援している

壷井 直貴（つぼい・なおき）

提携統括事業部　東日本沖縄地域金融部　部長

大手総合人材サービス会社を経て、2015年に日本M&Aセンターに入社。入社以来、譲受企業側のM&Aに従事し、2022年から現職。累計100件程度のM&Aに関与し、特に建設業界のM&Aを多く手掛けている

齊藤 公太郎（さいとう・こうたろう）

法人事業部　東日本事業法人部

大学卒業後、大手総合商社である丸紅に入社。ドローン系ベンチャー企業の立ち上げに参画後、2021年に日本M&Aセンターに入社。一貫して建設業界のM&Aに従事し、建設業界の大手・中堅企業に対するM&A戦略を支援している

真鍋 政彦（まなべ・まさひこ）

日経BP　日経コンストラクション編集長

九州大学大学院修了後、自治体に入庁。2007年に日経BPに入社し、2022年4月から現職。事故・トラブル、自然災害、入札、技術、制度、法律など建設全般を対象に取材を続けている。共著に「私たちはいつまで危険な場所に住み続けるのか」（日経BP）

転載・引用・参考資料

書籍

- The Story　製造業編（クロスメディア・パブリッシング、2022年7月）
- The Story　IT業界編（クロスメディア・パブリッシング、2022年7月）
- The Story　食品業界編（クロスメディア・パブリッシング、2022年7月）
- The Story　調剤薬局業界編（クロスメディア・パブリッシング、2022年6月）
- The Story　物流業界編（クロスメディア・パブリッシング、2022年6月）
- 会社を売る力［決定版］業界再編M&A最前線（クロスメディア・パブリッシング、2021年10月）
- M&A思考が日本を強くする JAPAN AS NO.1をもう一度（東洋経済新報社、2020年3月）
- 業界メガ再編で変わる10年後の日本（東洋経済新報社、2017年12月）

雑誌

- 日経コンストラクション2023年1月号特集「2023年どうなる土木」（日経BP）
- 日経コンストラクション2022年12月号特集「『請負のみ』の限界」（日経BP）
- 日経コンストラクション2022年11月号特集「もう止まらない建設M&A」（日経BP）
- 日経コンストラクション2022年5月号特集「建設3Dプリンター元年」（日経BP）
- 日経コンストラクション2022年3月14日号特集「やればできる生産性2割アップ」（日経BP）
- 日経コンストラクション2022年1月11日号特集「2022年の土木界」（日経BP）

建設M&A

「買収」だけでなく「売却」の成長戦略が当たり前に

2023年6月19日　初版第1刷発行

著者・編集　日本M&Aセンター／日経コンストラクション
発行者　森重 和春
発行　株式会社日経BP
発売　株式会社日経BPマーケティング
〒105-8308 東京都港区虎ノ門4-3-12
アートディレクション　奥村 靫正（TSTJ Inc.）
デザイン　真崎 琴実（TSTJ Inc.）
印刷・製本　図書印刷株式会社

ISBN:978-4-296-20253-9

本書籍に関するお問い合わせ、ご連絡は下記にて承ります。
https://nkbp.jp/booksQA